园林

彩叶植物

与/景/观/配/置

YUANLIN CAIYE ZHIWU
YU JINGGUAN PEIZHI

崔金腾　主编

张克中　赵和文　副主编

化学工业出版社

·北京·

《园林彩叶植物与景观配置》分别从彩叶植物的分类、彩叶植物在园林中的配置原则、彩叶植物的几种常见的应用形式和园林中常用的彩叶植物等四个方面进行了讲述。彩叶植物是指叶色鲜艳、明显区别于自然绿色或灰褐色的观赏植物，在园林绿化和特色风景的营造中别具一格。本书从众多的彩叶植物中精选出有代表性的彩叶乔木植物、彩叶花灌木植物、彩叶藤本植物、彩叶草本植物等，共计105种彩叶植物，重点讲述了其形态特征、生长习性、栽植养护、园林应用等方面内容。

本书图片丰富，并附有简介，便于园林设计与施工人员、园林爱好者参考与应用。

图书在版编目（CIP）数据

园林彩叶植物与景观配置/崔金腾主编. —北京：化学工业出版社，2017.6
ISBN 978-7-122-29626-9

Ⅰ.①园… Ⅱ.①崔… Ⅲ.①园林植物—景观设计 Ⅳ.①TU986.2

中国版本图书馆CIP数据核字（2017）第100792号

责任编辑：袁海燕　　　　　　　　　　文字编辑：向　东
责任校对：边　涛　　　　　　　　　　装帧设计：刘丽华

出版发行：化学工业出版社（北京市东城区青年湖南街13号　邮政编码100011）
印　　装：北京东方宝隆印刷有限公司
880mm×1230mm　1/32　印张8　字数198千字　2017年9月北京第1版第1次印刷

购书咨询：010-64518888（传真：010-64519686）　售后服务：010-64518899
网　　址：http://www.cip.com.cn
凡购买本书，如有缺损质量问题，本社销售中心负责调换。

定　价：58.00元

前　言　Preface

　　彩叶植物是指叶色鲜艳、明显区别于自然绿色或灰褐色的观赏植物，在园林绿化和特色风景的营造中别具一格。

　　随着中国城市绿化和园林植物景观建设的快速发展，彩叶植物的引种与应用研究开始兴起。越来越多的彩叶植物出现在人们的生活中，如街边绿化、庭院设计、花坛布置等。而在如今高压力、快节奏的生活状态中，彩叶植物能够给人们带来多视角的视觉感受，缓解生活压力，这也使人们对园林景观艺术的发展与创新提出了更高的要求。但由于我国园林景观配置中彩叶植物的发展还处于初期起步阶段，在彩叶植物的设计应用中还普遍存在许多问题。如景观设计师对彩叶植物新品种不熟悉，而造成优良新品种得不到推广应用，如许多种类的栽培技术缺乏，而造成彩叶性状表现不出来等问题。有感于此，编者根据多年的实践经验编写了这本园林彩叶植物与景观配置。希望可以帮助人们了解和认识彩叶植物，进而推动彩叶植物在园林景观中的发展。

　　本书分别从彩叶植物的分类、彩叶植物在园林中的配置原则、彩叶植物的几种常见的应用形式和园林中常用的彩叶植物等四个方面进行了论述。

　　由于我国园林绿化事业正处于快速发展时期，许多彩叶植物的引种与应用研究还不完善，再加上编者水平有限，书中疏漏之处还请读者不吝指正。

编者
2017 年 1 月

▪ 目 录 Contents ━━━━━━━━━

第一章 概述

GaiShu

所谓彩叶植物，顾名思义，必定是指色彩丰富、不单调的自然植物。具体来说，彩叶植物主要是指自然界中原本存在的，或者经人工栽植、培育出的区别于绿色植物的植物。这类植物的叶片在植物整个生长季节所表现出来的颜色与绿色有着显著不同，并且具有较高的观赏价值。通常来说，彩叶植物都具有绚丽丰富的色彩，应用于园林中，可在春季盛花期秋季等季节和绿色植物，或者其他不同色彩的植物交相辉映，提升园林的审美价值，丰富城市色彩。

随着社会的发展、人民生活水平的提高以及园林景观艺术的不断发展，园林绿化由传统的绿化植物向彩叶植物不断发展，这不仅能够满足人们对彩叶植物的观赏需求，同时体现了其在我国园林景观配置中具有不可或缺的作用。人们对于园林景观配置有越来越高的要求，单一的绿色植物已经不能够满足现代人们的需求，因此园林景观向色彩丰富的彩叶植物配置发展，种植彩叶植物也就成为必然趋势。但就目前我国现状来看，我国彩叶植物的种植与应用还处于最初阶段，因此需要对彩叶植物的种植进行全面的研究。本书从彩叶植物的分类出发，简要分析了彩叶植物在园林景观配置中的原则与应用。根据我国园林景观未来的发展趋势探讨彩叶植物的应用前景，以供参考。

彩叶植物在园林景观配置中有着诸多的优点，与园林景观中其他植物花卉相比，其不同之处在于彩叶植物具有色彩比较鲜明、生长成景的速度快、观赏期较长等特点，在我国园林景观配置中占有重要作用。但由于我国园林景观配置中彩叶植物的发展还处在初期起步阶段，还未能达到园林景区成熟阶段，因此在彩叶植物应用于城市园林景观中时应重点体现出彩叶植物的独特魅力。彩叶植物也正随着人们对园林景观艺术要求的提高不断发展创新，以其丰富的色彩为园林景观提供绚丽多姿的图案和景色，这与构建人类生态文化社会协调发展不谋而合。在当今快节奏的城市生活中，彩叶植物能够给人们带来多视角的视觉感受，缓解工作压力，成为城市一景。就未来发展形势来看，目前我国的绿色苗木随着市场经济的发展和园林绿化事业的发展在销量上已经处于饱和状态，严重影响我国园林绿化事业的发展，而彩叶植物的应用恰恰能够有效地调节我国园林绿化市场的经济矛盾，在提高城市园林景观的同时又能够带来可观的经济效益。

在配置园林植物时，彩叶植物能够调整色彩、丰富构图、构成绚丽的图案与不同的季相效果，当前城市绿化中成为新的配置形式，发展前景非常广阔。彩叶植物和草本花卉进行比较，在绿化中管理方便、栽培简单，一次栽培能够多年观赏。并且因色彩丰富而适宜不同季节的景观布置。

在园林景观中合理地应用彩叶植物，可以达到更好的美化园林环境的作用。因此，彩叶植物在园林景观中的合理应用十分重要。目前，在我国园林景观中，针对彩叶植物的应用原则，应该遵守以下几点：首先，彩叶植物应该遵循生态适应原则实现景观配置。在配置中应该依据光照、水分、土壤等外部环境因素，选择适合培养的彩叶植物。同时按照园林所在地的生态条件，合理选择彩叶植物进行栽培，既达到彩叶植物种群之间的相互协调，又达到景观间的层次变换、相映生辉，以此构成一个和谐有序的生态园林系统。其次，充分利用彩叶植物的季节色彩变换。在彩叶植物园林景观配置中，要首先考虑到彩叶植物之间的季相变化，选取不同花期、不同色相、不同形态的彩叶植物相协调。力争所配置的园林景观可以随春、夏、秋、冬四季的变化，做到月月有花可赏、季季颜色不同，从而实现园林景观配置的自然美感，使人们在园林景观中也可以感觉到色彩的独特魅力。最后，在配置的过程中，应该注意突出主题，注意主次的使用。不同的彩叶植物其纹理、色泽都会有所不同。在园林景观配置中，要做到主次有序、突出重点的配置原则。孤植与主题相符的彩叶植物于重要位置，引导人们的视线。同时在与周围景观对比时，彩叶植物的种植要采用"万绿丛中一点红"的效果，以此烘托出强烈的景观氛围。

　　虽然彩叶植物应用配置有许多的形式，然而应用时首先应满足彩叶植物的生态习性与生物学特性，否则会丧失其观赏价值，甚至导致植株死亡。彩叶植物的呈色除了和植物自身的组织形态发育有联系外，还和外界环境条件有着非常紧密的联系。部分植物要求有足够的光照，比如美国红栌要求全光照才可以表现色彩美，一旦处于全阴或半阴情况下，就丧失了彩叶效果。紫叶小檗、金叶女贞在超强光照下，叶片色彩就更鲜艳；同时其也会受温度的影响，研究表明花色素苷的含量与温度呈负比，例如紫叶榛子是桦木科榛属的一个彩叶变种，喜湿润、冷凉，一旦放在干热条件下就会导致叶色褪失。其次，在植物配置时还应关注彩叶植物之间和背景植物之间的色彩搭配，要满足美学原则，以期得到最佳观赏效果。最后，应注重彩叶植物的养护管理工作，植成曲线或图案的彩叶植物应定期整形修剪，使其造型和环境之间协调，以满足其特殊的美化功能。

　　综上所述，人们生活水平的提高对园林景观的要求也逐渐增强，我国园林未来的发展趋势必然将以彩叶植物为园林景观配置中的主打植物。彩叶植物进驻园林景观能给人们带来园林景观欣赏的新鲜体验，更能使设计师增加对园林景观设计的积极性。但是，由于发展原因，彩叶植物进驻我国园林艺术时间较晚，我们需在彩叶植物的园林景观配置上加大投入。在开展园林彩叶植物的配置工作时，设计人员应该遵循彩叶植物在园林配置中的原则，坚持做好彩叶植物在园林景观配置中的应用，从而更好地体现彩叶植物在园林景观配置中的价值。

第二章　彩叶植物的分类
—CaiYeZhiWuDeFenLei—

一、春色叶植物

1. 春色叶树种概述

（1）概念

春色叶树种是指春季新发生的嫩叶有显著不同叶色的树种。春色叶树种的新叶一般呈现红色、紫色或黄色，如华中片区的红叶石楠、臭椿、五角枫的春叶为红色（图2-1）；山麻杆的新叶为胭脂红色；垂柳、石栎、金叶女贞的新叶为黄色；黄连木春叶呈紫色（图2-2）；华南片区樟树的春

图 2-1 红叶石楠

叶呈紫红或金黄色。在南方暖热气候地区，有许多常绿树的新叶不限于在春季发生，而是不论季节，只要发出新叶就会有宛若开花的效果，如铁力木、大叶榕、荔枝、芒果、大花紫薇、红车木等，这一类亦可统称为春色叶类。

（2）春色叶植物叶色特点

春季万物复苏，树木都萌发出新叶，春色叶树种幼叶色彩鲜嫩，清新缤纷。春色叶植物叶色有以下特点：①叶片刚刚萌发，叶绿素较少，春色叶类植物的叶色多偏红色或黄色，都属暖色调系。②饱和度

图 2-2 黄连木

较低，而明度较高。③在色彩效果方面，春色叶树种叶色效果基本呈点状，形成不了色块，并且往往越是高大的树形，其色彩越是远离地面，更显得零星散碎。④色彩存在时间短，变化快。色彩存在于新萌发的新叶上，有些植物的春色叶，单叶色彩仅仅保持1周左右，而且整体色彩是红绿相间。

2. 春色叶植物造景特点

（1）景观独特

春色叶树种资源丰富，品种繁多，树形优美，新发出的嫩叶绚丽多彩。春天，美丽的花朵竞相开放，以其鲜艳的色彩、婀娜多姿的形态及芳香的气味吸引着人们。同时春色叶树种也以其丰富多彩的嫩叶与五彩缤纷的花朵媲美，与绿叶争艳，愉悦人的视野，给人以美的享受。因此，并不一定只有花和常年异色类树种才能形成园林色彩。在园林设计中采用春色叶树，可丰富植物层次，创造繁花似锦的独特园林景观。

（2）观赏期短

观赏期一般集中于早春或初夏树木产生新叶时，尽管有些常绿树种，在全年可发生几次新叶，但大多发生新叶的时间也都集中于某一个时期，因此，此类树种的观赏期往往较短。华北地区春色叶的最佳观赏期一般为3月中上旬至4月下旬，长江流域则为3月上旬至4月上中旬。同时，由于这些树种在自然界的分布较零散，一般也很难出现像秋色叶树种那么壮观的景观效果。

（3）应用范围广泛

春色叶树种中包含乔木、灌木和藤本，可以丰富植物层次，在应用上选择较多。例如在行道树景观中春季开花的植物种类较少，如果想达到春季繁花似锦的景观效果可选择春色叶树种，还可利用树木在春天独特的叶色营造"春色林"。例如香樟、鸡爪槭、枫香、芒果、大叶榕、山麻杆等，可以丰富园林春色，突出景观意境。

3. 春色叶植物景观应用

行道树作为园林应用的一种形式，要求树木抗性强、美观。春季行道树树种中开花的树种很少，春色叶植物应用到其中就可以在春季看到道路上繁花似锦的景象，丰富道路景观。樟树枝叶茂密，冠大荫浓，树姿雄伟，尤其早春，嫩叶为粉红色，叶片薄如纸、具有光泽，与绿叶相映成趣，且色叶期长，可持续几个月，是优良的行道树。

4. 春色叶植物应用中应注意的问题

（1）重视春色叶植物的生物学特性

例如乌桕、石榴等喜阳树种，若长期在荫蔽处，其嫩叶颜色就会变淡，因而就不能发挥其真正的观赏价值。桂花、樟树在阳光充足的地方新叶更加鲜艳，要想突出春色叶最好将其栽植于阳光充足的地方。

（2）重视春色叶植物配置的美学特性

春色叶呈黄色的树种属高亮度的色系树种，因此在配置时必须处理好色彩的亮度对比，通过恰当的明暗对比，可充分展示树种的春色叶所饱含的春意和生机。春色叶树种间的层间配置十分重要，尤其是红色系和黄色系之间的配置，二者色相接近，又较明艳，配置得当，可产生较佳的视觉效果。如红色系的香樟林下配置黄色系的鸡爪槭，这种配置组合，以香樟为上层乔木，中层则是红枫、鸡爪槭。由于红枫和鸡爪槭具有较好的耐阴性，因此，这是一组景观效果好、生态配合妥当的组合。

（3）重视野生春色叶植物的开发和利用

野生春色叶树种资源的开发和利用未受到重视。例如山麻杆、胡颓子、赤楠等春色叶观赏价值高的树种园林应用很少。若将这些植物引入园林中应用一定能为春季增色不少。

春色叶树种春季新发生的嫩叶呈现红色、紫红色和黄色等，在春风的吹拂下，多彩多姿，极具魅力，且因其春色或红或黄，均为暖色调，可给乍暖还寒的早春增添暖意。由于我国北方地区早春极少植物开花，可大量应用春色叶树种丰富初春景观色彩。在南方地区，春色叶树种与早春花木配置效果更佳。

二、常色叶植物

1. 常色叶树种概念

常色叶树种定义：有些树的变种或变型，其叶常年均呈异色，而不必待秋季来临，特称为常色叶树。

常色叶植物是指整个生长期内叶片一直为彩色。叶色季相变化不明显，色彩稳定、长久。如紫叶矮樱、紫叶女贞、红花檵木、金叶女贞、紫叶李、红背桂、金叶过路黄、紫叶小檗、洒金柏、金心黄杨、金边黄杨等。

全年树冠呈紫色的有紫叶小檗（图2-3）、紫叶稠李（图2-4）；全年叶均为金黄色的有金叶雪松。

图2-3　紫叶小檗

图2-4　紫叶稠李

2. 应用原则

（1）符合生物学特性

彩叶树种的叶色表现主要与叶绿素、类胡萝卜素、叶黄素的含量和比例有关，而温度、环境条件，如光照强度、光质、栽培措施等均可引起叶片内色素及比例的变化，进而影响彩叶树种的色彩表现。据北京林业大学张启翔教授研究：紫叶小檗在全光条件下，叶片内部类胡萝卜素含量比叶绿素高 30%；在 75% 光照下，叶绿素明显增加；在 50% 光照下，有 50% 左右的叶片变成绿色；在 20% 光照下，则大部分叶片变成绿色。同样金黄黄杨、金叶女贞、紫叶李、紫叶矮樱等要求全光照才能体现其色彩美，一旦处于半阴或全阴的环境中，叶片将恢复绿色，失去彩叶效果。而花叶玉簪则要求半阴的条件，一旦光线直射，就会引发生长不良，甚至死亡。因此，彩叶树种应用一定要与环境因素相协调。

（2）合理配置树种

完美的植物景观是科学性和艺术性的高度统一。在进行彩叶树种配置时，既要考虑树种的生物学特性、生态习性和观赏特性，又要考虑季相和色彩、对比和统一以及意境表现等艺术性。因此，在确定好树种之后，还应注意植物与四周环境之间的协调性。比如在建筑物前或立交桥下，为了与环境相适应，经常将彩叶植物修剪成圆形、直线形、拱形或波浪形等造型。在大片草坪上，可铺设大面积色块或孤植较大规格的彩叶植物。只有与环境相协调，才能获得最佳观赏效果。

（3）注重养护

"三分栽，七分管"，彩叶植物同其他植物一样，应加强土、肥、水、整形修剪等管理以及做好病虫害防治工作，以确保植株正常生长，提高植株的适应性，保证植株原有的优良特征。同时，修剪既可体现树体的完美造型，又可以使有些植物形成二次花期，增强观赏性，如金叶莸、金边醉鱼草等。

3. 园林应用

彩叶植物的观赏特性不仅是叶片的色彩，还应该表现在多个方面，如树型、树型与色彩、色彩与色彩等之间的搭配，可以使观赏者产生不同的视觉感受，具有不同的景观效果。因此，彩叶植物的应用对园林景观的构成起着至关重要的作用。

（1）孤植

彩叶植物颜色醒目，可以作为中心景观处理，能达到引导视线的作用。孤植主要表现单株树木的个体美，要求植株姿态优美或非常有特色，选择得当、配置得体，可起到画龙点睛的作用。如株形高大丰满的紫叶梓树、金叶皂荚、金叶刺槐，以及株形紧密的紫叶矮樱、花叶槭、红叶石楠等都可以孤植于庭院或草坪中，独立成景。又如银杏，主干挺拔，冠行广茂，独特的扇形叶片宛如艺术品，秋叶金黄，鲜亮夺目，为世界著名的园林树种，在园林绿化中应用广泛，尤其是孤植更显独特。著名古寺北泉寺中分散着的四株直径达 2m、高近 20m 的古银杏，可谓气势壮观、引人入胜。

（2）丛植

成丛栽植彩叶植物可以美化环境，既丰富了景观色彩，又活跃了园林气氛。将紫色或黄色的彩叶植物丛植于浅色的建筑物前，或将绿色的乔木作背景、彩叶植物作前景处理，均能得到较好的景观效果。

（3）彩篱或模纹花坛

如洒金千头柏、紫叶小檗、金叶女贞、金叶黄杨等彩叶植物，枝叶细密紧凑，且极耐修剪，是极好的彩篱植物材料，与绿色植物相搭配可构成美丽的图案，其广泛应用在城市公共绿地、分车道、立交桥下、绿岛、小游园、厂矿企业、居住小区中。

（4）群植或片植

将彩叶植物成片栽植，达到成林的规模，可营造出较有气势的景观。如樱花，树姿洒脱开展，盛花期玉宇琼花、堆云叠雪，或满树红粉、灿若云霞，以集团状群植极具观赏效果。又如北京的"香山红叶"主要栽种的是黄栌，金陵十景之一的"栖霞丹枫"主要栽种的是枫香，苏州太平山的"怪石、清泉、红枫"三绝中的红枫主要是指三角枫。

（5）混植

如金钱松体形高大，树干端直，入秋叶色金黄，非常靓丽，与银杏、柳杉、枫香混栽成林，形成别有趣味的自然景观。

三、斑色叶植物

叶片色彩斑斓、绚丽多姿，有彩边、彩心、花斑、彩脉等，五光十色。如金叶千头柏、日本花柏、洒金珊瑚（图2-5）、斑叶黄杨、洋常春藤（图2-6）等都是优良的绿化材料。金边六月雪、变叶木、红桑、斑叶橡皮树、斑叶鹅掌柴等是极好的室内观赏树种。

1. 斑色叶植物的应用

（1）丛植

丛植是指将色叶植物三五一丛地点植于园林中，是色叶植物常见的一种种植方式，既能丰富植物景观色彩，又能活跃园林气氛。丛植时要注意最好形成深色背景，以突出效果。全年叶均具斑驳彩纹的有洒金珊瑚、变叶木。

图2-5 洒金珊瑚　　　　　　图2-6 洋常春藤

（2）色块造型

色块造型种植是指将灌木类色叶植物栽植、修剪成各种图案造型，是色叶植物应用最广泛的一种形式，在植物造景中起着丰富色彩、增加层次、营造气氛等重要作用。

（3）片植（群植）

片植是指将色叶植物成群成片地种植，构成特色风景林，其形成的独特叶色和姿态可营造出强烈的景观效果。

2. 色叶植物的配置要点

（1）充分利用色叶植物的季相变化

在配置时，应考虑不同植物的季相变化，将不同花期、色相、形态的植物协调搭配，从而形成三季有景、四季有花的植物景。

（2）要符合植物的生物学特性

斑色叶树木相对于普通植物受环境的影响较大，在应用时一定要注意符合其生物学特性，一旦处于光照不足的半阴或全阴条件下，彩色效果将大大降低甚至恢复绿色。而有些植物则要求半阴的条件下才生长良好，一旦光线直射，就会引起生长不良，甚至死亡。

（3）在植物造型应用中应注意加强养护管理

尤其是重点焦点景观区，植成各种造型的色叶植物需要经常修剪，促进植株枝叶生长紧密而整齐，并保持较多的顶梢新叶，方可保证良好的效果。

（4）注意与周围环境相结合

园林植物是园林造景中一个非常重要的因素。彩叶植物色彩鲜艳，与周围环境合理搭配，可创造独特的风景。

四、秋色叶植物

1. 概述

秋色叶植物为叶片在秋季变成红、紫、黄、橙等艳丽色彩，可以丰富景观色彩的植物。绝大多数温带落叶树种在秋季落叶前都会有变色现象，但只有那些变色相对均匀一致、持续时间长、观赏价值高的植物才能被称为秋色叶植物，反之那些缺乏观赏性的则不属于秋色叶植物。理想的秋色叶树种，应具备以下几个特点：①秋天或经霜后的叶片变得醒目、亮丽，明显不同于其他观赏期的颜色，观赏价值高；②生长势较强，枝叶繁茂，有较厚的叶幕层，适应性强，最好是乡土树种；③除了极少数常绿树种（如石楠、南天竹）外，多数为落叶树种；④叶片转色期整齐，色叶期较长，有一定的观赏期（如银杏，见图2-7）。

2. 秋色叶植物的园林应用形式

色彩在植物造景中起着至关重要的作用，而人们通常关注的是花的色彩，其实好的秋色叶植物，其绚丽程度不在花之下，如果能很好地加以利用，则可营造出季相变化之美。利用秋色叶植物造景，其造景形式

图 2-7 银杏

主要有以下几种。①秋色叶植物专类园：不同变色期的秋色叶植物搭配，延长观赏期。同时适量搭配观果植物，营造绚丽多姿的秋季景观。为了兼顾春夏季景观，可选择丁香、紫薇等既可观花又可观秋色叶的植物。②风景林：中大型的秋色叶植物最适宜成片栽植作风景林，群体景观的表现可营造层林尽染、气势恢宏的壮丽景象。③行道树：乔木类的秋色叶植物可用作行道树，秋季的银杏大道往往成为人们驻足的热点区域。④园景树：秋色叶树种可成为局部空间的主景，树形优美的大乔木在适当的景观节点孤植，变色期往往成为整个园子的焦点。中小型乔木或灌木亦可丛植或群植于庭院、草地、水边等。⑤色块或色带：秋色叶效果明显的灌木如密冠卫矛等，可修剪成篱，在园林中形成色块或色带。⑥垂直绿化：五叶地锦等藤本植物秋叶红艳，是垂直绿化的好材料，可应用的形式有附墙式以及装饰假山石等，均可收到很好的效果。

3. 影响秋色叶形成的因素

秋色叶植物的秋叶变色是多种因素综合影响的结果，同一物种在不同立地条件下的变色期、挂叶期、鲜艳程度甚至秋叶颜色也是不同的。秋色叶植物的变色受温度、光照、湿度、土壤 pH 值等条件的影响。一般来说，昼夜温差和夜间低温是叶色转色的主要限制因子；而适宜的低温、湿润的空气和土壤以及背风的环境则是秋叶保持鲜艳并延长观赏期的关键。一般光线好的地方叶片变色早、叶色鲜艳，光线较差处秋季叶片变色晚，秋色叶色彩暗淡，观赏效果差。pH 值的不同会造成同一物种叶片颜色的差异，例如黄栌的秋叶有黄、橙、红、紫等多种色彩（图 2-8）。

图 2-8 黄栌

4. 秋色叶植物造景应注意的问题

秋色叶植物造景时应考虑以下几方面的问题。①背景的选择：秋色叶植物造景时要注意与周围环境的合理搭配，以常绿树或白粉墙为背景则可以更好地衬托出秋色叶的艳丽，中国传统建筑中的红墙，如果配以秋叶金黄的植物可以营造出很好的景观效果。②时序演变：秋色叶植物的变色物候期有早有晚，持续时间长短不一，要充分利用这些时空特性，科学合理地进行配置，营造观赏期长、变化有序的秋季景观。③适地适树：秋色叶植物要适应当地的气候条件，才能很好地表现出季相变化之美，要注重乡土秋色叶植物的开发，如茶条槭秋色叶效果很好，但目前在园林中并不多见。④加强养护管理：秋色叶植物变色后的最佳色泽以及观赏期长短往往与该植物所处的生态环境条件密切相关，因此应根据各秋色叶树种的生态习性，加强养护，创造适宜的生境条件以期达到最佳观赏效果。

秋色叶植物造景越来越受到园林工作者的重视，但是要很好地利用秋色叶植物进行造景，需清楚掌握每种秋色叶植物的叶色、观赏效果、变色物候期以及观赏期持续的时间。本书提到的变色物候期只是 2012 年的观测结果，秋色叶植物的观赏期在不同年份会因气候不同而会稍有延迟或提前，但不同植物的变色前后顺序大致如此，所以结论得出的变色期虽然不是绝对的，但通过该调查，每种植物变色期早晚的顺序基本可以掌握，秋色叶植物配置时可用作参考。

第三章 彩叶植物在园林中的配置原则
CaiYeZhiWuZaiYuanLinZhongDePeiZhiYuanZe

一、遵循生态适应的原则

在配置中应该依据土壤、光照、水分等外部环境因素，选择适合培养的彩叶植物。并且根据园林所在地的生态条件，合理选择彩叶植物进行栽培，不仅满足彩叶植物种群之间的相互协调，而且满足景观间的层次变换、相映生辉，来形成一个和谐有序的生态园林系统。

各种园林树木在生长发育过程中，对光照、水分、温度、土壤等环境因子都有不同的要求。根据城市生态环境的特点选择树种，做到适地适树。有时还需创造小环境或者改造小环境来满足园林树木的生长、发育要求。在进行园林树木配置时，只有满足园林树木的这些生态要求，才能使其正常生长。要满足园林树木的这些生态要求，一是要适地适树，即根据园林绿地的生态环境条件，选择与之相适应的园林树木种类；二是要搞好合理的种植结构，不同树种进行配植就需要考虑种间关系，也就是考虑上层、下层树种，速生、慢生树种，常绿、落叶树种等。

彩叶植物只有在适宜的生态环境下才能充分显示其色彩之美。应依据光照、水分、土壤等立地条件以及绿化地点所处的地理纬度、地形地势等生态条件和所要配置的景观类型等，科学合理地选择彩叶植物；并将各种彩叶植物因地制宜配置为一个群落，使种群间相互协调，有复合的层次和相宜的季相色彩，不同特性的植物能各得其所，构成一个和谐有序的园林系统。

彩叶植物在进行配置时应因地制宜，结合具体的环境条件进行色彩搭配。如大体量建筑应采用彩叶乔木，或成丛成片的彩叶灌木进行搭配；在道路植物配置时，应每隔一定距离配植一株或一丛醒目的红色或黄色彩叶植物，表现出一定的节奏和韵律。只有将彩叶植物与色彩反差较大的背景植物或建筑物进行搭配，才能获得最佳观赏效果。

在设计时要充分考虑其生态习性，只有在了解植物特性的情况下，才能有目的地选择树种，切不能盲目选择造成不必要的损失。如黄栌在半阴的条件下长势最好，叶色最红，若光照时间过长，则叶色发暗；黄金榕、金叶连翘在全光照的条件下才能充分体现出色彩美，一旦处于光照不足的半阴或全阴的状态下，则将恢复其原始色而失去彩叶效果。

二、合理利用彩叶植物色彩季节变化

在彩叶植物园林景观配置中，彩叶植物之间的季相变化是首先要考虑到的，选取不同色相、不同形态、不同花期的彩叶植物相协调。争取所配置的园林景观能够随春、夏、秋、冬四季的变化，做到月月有花可赏、季季颜色不同，进而实现园林景观配置的自然美感，致使人们在园林景观中也能够感觉到色彩的特殊魅力。

彩叶植物分为常色叶植物、春色叶植物、秋色叶植物。考虑不同植物的季相变化，将不同色相、形态的植物协调搭配，春季桃红柳绿，夏季浓荫蔽日，秋季丹桂飘香，冬季寒梅傲雪，使园林景观随春、夏、秋、冬四季而变换，展现出一幅幅色彩绚丽的四季美景，赋予园林多彩变化的勃勃生机。

三、突出主题

在园林造景的过程中，人们应该依靠天然景色来进行，然后通过人工造景来达到此要求。在实际工作中，园林工作者应该根据彩叶植物的特点以及配置方式来配合园林景观的主题，不管是种植在某一个特定位置还是在某一个视线集中点上，我们都要求彩叶植物与其他植物相互协调、相互映衬，从而达到美观的效果。在园林景观当中，通过片植某一种特色植物，或者是在某一特定植物周围搭配一些小花，就能够在很大程度上达到强烈的观赏效果。一般来说，可以选择造型比较优美的彩叶植物进行配置，这样更能够烘托出园林景观的主题。在配置的过程中，应该注意突出主题，注意主次的使用。不同的彩叶植物其纹理、色泽都会有所不同。在园林景观配置中，要遵循主次有序、突出重点的配置原则。孤植与主题相符的彩叶植物于重要位置，引导人们的视线。同时在与周围景观对比时，不同彩叶植物的配置方式都要依从景观主题的需要，孤植于重要位置或视线的集中点，并注意与周围景观形成强烈对比，以取得"万绿丛中一点红"的效果。而某一特色花木的集中片植，或由少到多的配植，能烘托出浓郁强烈的景观氛围（图3-1）。

图3-1 根据彩叶植物的特点以及配置方式来配合园林景观的主题

四、遵从色调协调等的美观原则

园林融自然美、建筑美、绘画美、文学美等于一体，是以自然美为特征的一种空间环境艺术。因此，在配植中宜切实做到在生物学规律的基础上努力讲究美观。

首先，树木的美观应以自然面貌为基础，充分表现其本身的特长和美点。园林树木应充分发挥其自然面貌，除少数需人工整枝修剪保持一定形状外，一般应让树木表现其本身的典型美点。这就要求做到正确选用树种，妥善加以安排，使其在生物学特性上和艺术效果上都能做到因地制宜，各得其所，充分发挥其特长与典型之美。其次，配植园林树木时要注意整体与局部的关系，配置园林树木时要在大处着眼的基础上安排细节问题。通常进行园林树木配置中的通病是，过多注意局部、细节，而忽略了主体安排；过分追求少数树木之间的搭配关系，而较少注意整体的群体效果；过多考虑各株树木之间的外形配合，而忽视了适地适树和种间关系等问题。再次，园林树木的配植要满足园林设计的立意要求，设计公园、风景区、绿地都要有立意，创造意境，配置时常常加一些诗情画意，从而达到设计者的要求。

园林树木有其特有的形态、色彩与风韵之美，这些特色且能随季节与年龄的变化而有所丰富与发展；园林树木配置不仅有科学性，还有艺术性，并且富于变化，给人以美的享受。

彩叶植物艳丽的色彩在增强景观效应的审美情趣中具有强烈的视觉冲击作用。利用色彩对比调和的植物造景，颜色鲜明，富有感染力。彩叶植物在园林植物中的色彩搭配效果，一般以对比色、邻补色、协调色的形式加以表现。对比色相配的景物，给人醒目的美感；邻补色较为缓和，给人以淡雅和谐的感觉。完美的植物景观必须具备科学性与艺术性的统一，既满足植物与环境生态适应性上的统一，又要体现彩叶植物个体及群体的形式美及由此产生的意境美。

第四章 彩叶植物的几种常见的应用形式

CaiYeZhiWuDeJiZhongChangJianDeYingYongXingShi

一、行道树的形式

　　行道树是为达到美化、遮阴和防护等目的，在道路旁栽植的树木。城市街道上的环境条件比园林绿地中的环境条件要差得多，这主要表现在土壤条件差、烟尘和有害气体的危害，地面行人的践踏摇碰和损伤，空中电线电缆的障碍，建筑的遮阴，铺装路面的强烈辐射，以及地下管线的障碍和伤害（如煤气罐的漏气、水管的漏水、热力管的长期高温等等）。因此，行道树种的选择条件首先须对城市街道的种种不良条件有较高的抗性，在此基础上要求树冠大、荫浓、发芽早、落叶迟而且落叶延续期短、花果不污染街道环境、干性强、耐修剪、干皮不怕强光曝晒、不易发生根蘖、病虫害少、寿命较长、根系较深等条件。常用树种有悬铃木、银杏、七叶树、杨、柳、国槐、合欢、白蜡、刺槐、女贞、枫杨、龙柏、梧桐等（图4-1）。

　　行道树枝下高2.5m以上，距车行道边缘的距离不应少于0.7m，以1～1.5m为宜，树距房屋的距离不宜少于5m，株间距以8～12m为宜（图4-2）。

　　行道树作为园林应用的一种形式，要求树木抗性强、美观。春季行道树树种中开花的树种很少，春色叶植物应用到其中就可以在春季看到道路上繁花似锦的景象，丰富道路景观。樟树枝叶茂密、冠大荫浓、树

图4-1　用于行道树形式的霸王棕　　　　　　图4-2　作为行道树的紫叶李

姿雄伟，尤其早春，嫩叶为粉红色，叶片薄如纸、具有光泽，与绿叶相映成趣，且色叶期长，可持续几个月，是优良的行道树。乔木类的秋色叶植物可用作行道树，秋季的银杏大道往往成为人们驻足的热点区域（图4-3）。

图4-3 银杏用于行道树

二、园景树的形式

秋色叶树种可成为局部空间的主景，树形优美的大乔木在适当的景观节点孤植，变色期往往成为整个园子的焦点。中小型乔木或灌木亦可丛植或群植于庭院、草地、水边等（图4-4）。

图4-4 用于园景树形式的孤植重阳木

三、绿篱的形式

绿篱又称为植篱或树篱，要求是该种树木应有较强的萌芽更新能力和较强的耐萌力，以生长较缓慢、叶片较小的树种为宜。

在园林中主要起分割空间、遮蔽视线、衬托景物、美化环境及防护作用等，依园林特性分有叶篱——桧柏、侧柏、大叶黄杨、金叶女贞等，花篱——丰花月季、迎春、连翘、绣线菊等，蔓篱——藤本蔷薇、凌霄、葡萄、紫藤等（图4-5）。

图 4-5　绿篱形式的金叶假连翘

绿篱在园林绿化中应用最为普遍，绿篱采用耐修剪的彩叶植物作为绿篱材料与绿色植物搭配，形成天然的彩色植物篱笆，城市道路做隔离带，即美观又环保。通过在草坪四周、道路两旁、主题公园内以及不同主景间篱植彩叶植物，可以分割空间，起到过渡和缓冲作用，使景点与景点有机联系起来。应用较为广泛的是金叶榆、红叶石楠、紫叶小檗、金叶黄杨、金叶锦带、紫叶锦带等，颜色各异，经过配置和合理修剪可以拼组出不同的色彩图案，这种配置方式适用于各种绿化区域，色彩不同使园林景观的层次感增强。彩色绿篱应充分考虑品种的植物学特性以及色泽的季相变化，进行合理搭配，便于形成一个整体图案。

　　由灌木或小乔木以近距离栽成单行或双行，紧密结构的种植形式。其中主要作用和功能是规定范围和围护作用，分割空间和屏障视线，可作为花境、喷泉、雕塑等园林小品的背景，美化挡土墙。

四、模纹和色块的形式

　　洒金千头柏、紫叶小檗、金叶女贞、金叶黄杨等彩叶植物，枝叶细密紧凑，且极耐修剪，是极好的彩篱植物材料，与绿色植物相搭配可构成美丽的图案，其广泛应用在城市公共绿地、分车道、立交桥下、绿岛、小游园、厂矿企业、居住小区中。秋色叶效果明显的灌木如密冠卫矛等，可修剪成篱，在园林中形成色块或色带（图4-6）。

　　色块造型种植是指将灌木类色叶植物栽植、修剪成各种图案造型，是色叶植物应用最广泛的一种形式，在植物造景中起着丰富色彩、增加层次、营造气氛等重要作用。常见的可作为色块造型的色叶植物有红花檵木、金叶女贞、紫叶小檗、金边六月雪、红叶石楠、黄金叶等（图4-7）。

五、地被的形式

图4-6　色块形式的朱蕉

图4-7　模纹形式的彩叶植物

　　凡能覆盖地面的植物均称为地被植物，木本植物中之矮小丛木、偃伏性或半蔓性的灌木均可能用作园林地被植物用。地被植物对改善环境、防止尘土飞扬、保持水土、抑制杂草生长、增加空气湿度、减少地面辐射热、美化环境等方面有良好作用（图4-8）。

图4-8 地被形式的彩叶草

选择不同地被植物的环境条件是很不相同的，主要应考虑植物生态习性需适应的环境条件，例如全光、半阴、干旱、土壤酸度、土层厚薄等条件。除生态习性外，在园林中尚应注意其耐踩性的强弱及观赏特征。常用树种有铺地柏、偃桧、平枝栒子、洋常春藤等。

第五章 园林中常用的彩叶植物

YuanLinZhongChangYongDeCaiYeZhiWu

一、彩叶乔木植物

1. 花叶橡皮树

【科属】 桑科、榕属

【形态特征】 常绿大乔木。树皮光滑，灰褐色，小枝绿色，少分枝。叶椭圆形，长 10~30cm，厚革质，先端钝或短尾尖，基部圆，全缘，页面深绿色，具灰绿色或黄白色的斑纹褐斑点，背面淡绿色。托叶红褐色，包顶芽外，新叶展开时脱落。全株有乳汁。花叶橡皮树叶片宽大而有光泽，具有美丽的色斑，树形丰茂而端庄。

【生长习性】 性喜温暖湿润环境，适宜生长温度 20~25℃，安全越冬最低温度为 5℃。喜明亮的光照，忌阳光直射。耐空气干燥。忌黏性土，不耐瘠薄和干旱，喜疏松、肥沃和排水良好的微酸性土壤。

【栽植养护】 花叶橡皮树用扦插法繁殖。扦插在春季进行，选用顶枝或侧枝的枝梢 3~4 节，剪取后为防乳汁渗出，剪刀要蘸上草木灰，保留上部 1~2 枚叶。扦插后在 20℃条件下，1~2 月可生根。花叶橡皮树也可以用单芽扦插，插后用玻璃或塑料罩住，保持湿润，4~5 周后可以生根。花叶橡皮树还可以用高空压条法繁殖。

【园林应用】 橡皮树叶片肥厚而绮丽，观赏价值较高，是著名的盆栽观叶植物。橡皮树虽喜阳但又耐阴，对光线的适应性强，所以极适合室内美化布置。中小型植株常用来美化客厅、书房；中大型植株适合布置在大型建筑物的门厅两侧及大堂中央，显得雄伟壮观，可体现热带风光。

（a）花叶橡皮树的叶

（b）花叶橡皮树茎　　　　　　　（c）花叶橡皮树局部景观

（d）花叶橡皮树球状造型　　　　（e）花叶橡皮树球状造型

（f）花叶橡皮树路边丛植景观

图5-1 花叶橡皮树景观

2. 白蜡

【科属】木樨科、梣属

【形态特征】落叶乔木，高 10~12m；树皮灰褐色，纵裂。芽阔卵形或圆锥形，被棕色柔毛或腺毛。小枝黄褐色，粗糙，无毛或疏被长柔毛，旋即秃净，皮孔小，不明显。羽状复叶长 15~25cm；顶生小叶与侧生小叶近等大或稍大，先端锐尖至渐尖，基部钝圆或楔形，叶缘具整齐锯齿，上面无毛，下面无毛或有时沿中脉两侧被白色长柔毛，中脉在上面平坦，下面凸起，细脉在两面凸起，明显网结；小叶柄长 3~5mm。圆锥花序顶生或腋生枝梢；花序梗长 2~4cm，无毛或被细柔毛，光滑，无皮孔；花雌雄异株；翅果匙形，上中部最宽，先端锐尖，翅平展，下延至坚果中部，坚果圆柱形。花期 4~5 月，果期 7~9 月。

【生长习性】喜光，稍耐阴，喜温暖湿润气候，颇耐寒，喜湿耐涝，也耐干旱，对土壤要求不严。碱性、中性、酸性土壤上均能生长，抗烟尘，对二氧化硫、氯、氟化氢有较强抗性。萌芽、萌蘖力均强，耐修剪，生长较快，寿命较长。

【栽植养护】可用种子及扦插繁殖。种子繁殖，3 月份播种前，将种子用温水浸泡 24h 或混拌湿沙，在室内催芽，待种子萌动后，可条播于苗床内，每公顷需种子 45kg。苗床管理，注意适量浇水、除草、施肥，一般每公顷产苗 30 万 ~45 万株，当年株高可达 30~40cm。

【园林应用】该树种形体端正，树干通直，枝叶繁茂而鲜绿，秋叶橙黄，是优良的行道树、庭院树、公园树和遮阴树；可用于湖岸绿化和工矿区绿化。

（a）白蜡的叶

（b）白蜡的枝　　　　　　　　　　（c）白蜡的小枝

（d）白蜡的树干　　　　　　　　　（e）白蜡路边列植

（f）白蜡路边列植

图5-2 白蜡景观

3. 桂香柳

【科属】胡颓子科、胡颓子属

【形态特征】落叶乔木或小乔木，高5~10m，无刺或具刺，棕红色，发亮；幼枝密被银白色鳞片，老枝鳞片脱落，红棕色，光亮。叶薄纸质，矩圆状披针形至线状披针形，顶端钝尖或钝形，基部楔形，全缘，上面幼时具银白色圆形鳞片，成熟后部分脱落，带绿色，下面灰白色，密被白色鳞片，有光泽，侧脉不甚明显；叶柄纤细，银白色。果实椭圆形，粉红色，密被银白色鳞片；果肉乳白色，粉质；果梗短，粗壮。花期5~6月，果期9月。

【生长习性】落叶乔木生命力很强，具有抗旱、抗风沙、耐盐碱、耐贫瘠等特点。天然桂香柳只分布在降水量低于150mm的荒漠和半荒漠地区。桂香柳种植对热量条件要求较高，在积温3000℃以上地区生长发育良好，积温低于2500℃时，结实较少。活动积温大于5℃时才开始萌动，10℃以上时，生长进入旺季，16℃以上时进入花期。果实则主要在平均气温20℃以上的盛夏高温期内形成。

【栽植养护】常于春末秋初用当年生的枝条进行嫩枝扦插，或用早春生的枝条进行老枝扦插。进行嫩枝扦插时，在春末至早秋植株生长旺盛时，选用当年生粗壮枝条作为插穗。把枝条剪下后，选取壮实的部位，剪成5~15cm长的一段，每段要带3个以上的叶节。进行硬枝扦插时，在早春气温回升后，选取健壮枝条做插穗。每段插穗通常保留3~4个节，剪取的方法同嫩枝扦插。

【园林应用】桂香柳根蘖性强，能保持水土、抗风沙、防止干旱、调节气候、改良土壤，常用来营造防护林、防沙林、用材林和风景林，在新疆保证农业稳产丰收起了很大作用。

（a）桂香柳的叶

（b）桂香柳的**花**

（c）桂香柳**孤植**

（d）桂香柳**孤植**

（e）桂香柳的**树干**

（f）桂香柳植于路边起引导视线作用

图5-3　桂香柳景观

4. 欧洲白榆

【科属】榆科、榆属

【形态特征】落叶乔木，在原产地高达 30m；树皮淡褐灰色，幼时平滑，后成鳞状，老则不规则纵裂；当年生枝被毛或几无毛；冬芽纺锤形。叶倒卵状，宽椭圆形或椭圆形，先端凸尖，基部明显偏斜，一边楔形，一边半心脏形，边缘具重锯齿，齿端内曲，叶面无毛或叶脉凹陷处有疏毛，叶背有毛或近基部的主脉及侧脉上有疏毛，叶柄全被毛或仅上面有毛。花常自花芽抽出，稀由混合芽抽出，20 余花至 30 余花排成密集的短聚伞花序，花梗纤细，不等长，花被上部 6~9 浅裂，裂片不等长。翅果卵形或卵状椭圆形，果核部分位于翅果近中部，上端微接近缺口。花果期 4~5 月。

【生长习性】阳性、深根性树种，喜生于土壤深厚、湿润、疏松的砂壤土或壤土上，适应性强，抗病虫能力强，在严寒、高温或干旱的条件下，也能旺盛生长。对生长环境没有太大的要求，贫瘠的土地照样可以生存。耐寒耐旱，适应性很强。生长速度快，生命力旺盛。

【栽植养护】主要采用播种繁殖，也可用分蘖、扦插法繁殖。播种宜随采随播，千粒重 7.7g，发芽率 65%~85%。扦插繁殖成活率高，达 85% 左右，扦插苗生长快，管理粗放。白榆播种育苗地最好选择土层深厚、肥沃，有灌溉条件、排水良好的砂壤土或壤土。切忌选低洼易涝地育苗。

【园林应用】白榆冠大荫浓，树体高大，适应性强。是世界著名的四大行道树之一。列植于公路及人行道，群植于草坪、山坡，常密植作树篱。是北方农村"四旁"绿化的主要树种，也是防风固沙、水土保持和盐碱地造林的重要树种。

（a）欧洲白榆的叶

（b）欧洲白榆局部景观

（c）欧洲白榆的枝

（d）欧洲白榆的枝

（e）欧洲白榆景观应用

（f）欧洲白榆景观效果

图 5-4 欧洲白榆景观

5. 茶条槭

【科属】槭树科、槭属

【形态特征】落叶灌木或小乔木，高 5~6m。树皮粗糙、微纵裂，灰色，稀深灰色或灰褐色。叶纸质，基部圆形，截形或略近于心脏形，叶片长圆卵形或长圆椭圆形，主脉和侧脉均在下面较在上面为显著；叶柄长 4~5cm，细瘦，绿色或紫绿色，无毛。伞房花序长 6cm，无毛，具多数的花；花梗细瘦，长 3~5cm。果实黄绿色或黄褐色；小坚果嫩时被长柔毛，脉纹显著，长 8mm，宽 5mm；翅连同小坚果长 2.5~3cm，宽 8~10mm，中段较宽或两侧近于平行，张开近于直立或成锐角。花期 5 月，果期 10 月。

【生长习性】阳性树种，耐庇阴，耐寒，喜湿润土壤，但耐干燥瘠薄，抗病力强，适应性强。常生于海拔800m以下的向阳山坡、河岸或湿草地，散生或形成丛林，在半阳坡或半阴坡杂木林缘也常见。

【栽植养护】从栽植后的第 2 年开始，每年要对苗木进行适当的修剪，主要是缩剪影响苗木主干生长的大侧枝和剪除苗木下部 1/3 以内的所有侧枝、萌枝。对主枝长势弱或主枝受损的，可选择 1 个生长强健的大侧枝代替主枝。根据需要也可从苗木栽植后的第 2 年开始对苗木进行定干，定干高度 120~160cm。苗木定植 3~4 年后即可出圃栽植，此时苗木地径可达 3~4cm，园林绿化应带土移栽。

【园林应用】本种树干直，花有清香，夏季果翅红色，秋叶又很易变成鲜红色，翅果成熟前红艳可爱，较其他槭树耐阴。萌蘖力强，可盆栽。秋叶红艳，株形自然，是良好的庭院观赏树种，孤植、列植、群植均可，也可植为绿篱或小型行道树。

（a）茶条槭的花序及叶

（b）茶条槭的果

（c）茶条槭的果

（d）茶条槭的景观效果

（e）茶条槭的景观效果

（f）茶条槭局部景观

图5-5　茶条槭景观

6. 元宝枫

【科属】槭树科、槭树属

【形态特征】落叶乔木，高 8~10m；树皮纵裂。单叶；单叶对生；主脉 5 条；掌状；叶柄长 3~5cm。伞房花序顶生；花黄绿色。花期在 5 月，果期在 9 月。元宝枫干皮灰黄色，浅纵裂，小枝灰黄色，光滑无毛；叶掌状 5 裂，有时中裂片又分 3 裂，裂片先端渐尖，叶基通常截形，稀心形，两面均无毛，花均为杂性，黄绿色，多成顶生伞房花序。翅果为扁平，果两翅展开略成直角。

【生长习性】耐阴，喜温凉湿润气候，耐寒性强，但过于干冷则对生长不利，在炎热地区也如此。对土壤要求不严，在酸性土、中性土及石灰性土中均能生长，但以湿润、肥沃、土层深厚的土中生长最好。深根性，生长速度中等，病虫害较少。对二氧化硫、氟化氢的抗性较强，吸附粉尘的能力亦较强。

【栽植养护】元宝枫的树干性较差，在达到定干高度之前的整形修剪非常重要，它将直接对苗木的品质、观赏价值产生重要影响，故应加强在圃内的修剪。在修剪中要疏剪、短截、剥芽相结合。在栽培过程中应加强修剪，首先应确立主干延长枝，修剪时应抑制侧枝、促进主枝生长；对顶芽优势不强者，修剪时应对顶端摘心，剪口下选留靠近主轴的壮芽，抹去另一对芽，剪口应与芽平行，间距 6~9mm，这样修剪使新发出的枝条靠近主轴，以后的修剪中选留芽子的位置方向应与上一年选留的芽子方向相反，按此法才可保证延长枝的生长不会偏离主轴，使树干长得直。

【园林应用】元宝枫嫩叶红色，秋叶黄色、红色或紫红色，树姿优美，叶形秀丽，为优良的观叶树种。宜作庭荫树、行道树或风景林树种。现多用于道路绿化，是优良的防护林、用材林、工矿区绿化树种。

（a）元宝枫的果及叶

（b）元宝枫的叶　　　　　　　　　（c）元宝枫的树干及叶

（d）元宝枫局部效果　　　　　　　　（e）元宝枫绿叶

（f）元宝枫植于路边起引导视线作用

图 5-6　元宝枫景观

7. 三角枫

【科属】槭树科、槭属

【形态特征】落叶乔木，高 5~10m，或可达 20m。树皮褐色或深褐色，粗糙。小枝细瘦；当年生枝紫色或紫绿色，近于无毛；多年生枝淡灰色或灰褐色，稀被蜡粉。叶纸质，基部近于圆形或楔形，外貌椭圆形或倒卵形，长 6~10cm，通常浅 3 裂，裂片向前延伸，稀全缘，中央裂片三角卵形，急尖、锐尖或短渐尖；上面深绿色，下面黄绿色或淡绿色，被白粉，略被毛，在叶脉上较密。花多数常成顶生被短柔毛的伞房花序，萼片 5，黄绿色，卵形，无毛；花瓣 5，淡黄色，狭窄披针形或匙状披针形，先端钝圆。翅果黄褐色；小坚果特别凸起，直径 6mm；翅与小坚果共长 2~2.5cm，稀达 3cm，宽 9~10mm，中部最宽，基部狭窄，张开成锐角或近于直立。花期 4 月，果期 8 月。

【生长习性】生于海拔 300~1000m 的阔叶林中。弱阳性树种，稍耐阴。喜温暖、湿润环境及中性至酸性土壤。耐寒，较耐水湿，萌芽力强，耐修剪。树系发达，根蘖性强。

【栽植养护】主要采用播种繁殖。秋季采种，去翅干藏，至翌年春天在播种前 2 周浸种、混沙催芽后播种，也可当年秋播。一般采用条播，条距 25cm，覆土厚 1.5~2cm。每亩播种量 3~4kg。幼苗出土后要适当遮阴，当年苗高约 60cm。三角枫根系发达，裸根移栽不难成活，但大树移栽要带土球。

【园林应用】 三角枫宜孤植、丛植作庭荫树，也可作行道树及护岸树。在湖岸、溪边、谷地、草坪配植，或点缀于亭廊、山石间都很合适。其老桩常制成盆景，主干扭曲隆起，颇为奇特。

（a）三角枫的果

（b）三角枫的花序　　　　　　（c）三角枫的叶

（d）三角枫的枝　　　　　　　（e）三角枫丛植景观

（f）三角枫植于路边起引导作用

图 5-7 三角枫景观

8. 美国红枫

【科属】槭树科、槭属

【形态特征】落叶大乔木，树高 12~18m，高可达 27m，冠幅达 10 余米，树型直立向上，树冠呈椭圆形或圆形，开张优美。单叶对生，叶片 3~5 裂，手掌状，叶长 10cm，叶表面亮绿色，叶背泛白，新生叶正面呈微红色，之后变成绿色，直至深绿色，叶背面是灰绿色，部分有白色绒毛。3月末至4月开花，花为红色，稠密簇生，少部分微黄色，先花后叶，叶片巨大。茎光滑，有皮孔，通常为绿色，冬季常变为红色。新树皮光滑，浅灰色。老树皮粗糙，深灰色，有鳞片或皱纹。果实为翅果，多呈微红色，成熟时变为棕色，长 2.5~5cm。

【生长习性】美国红枫适应性较强，耐寒、耐旱、耐湿。酸性至中性的土壤使秋色更艳。对有害气体抗性强，尤其对氯气的吸收力强，可作为防污染绿化树种。

【栽植养护】美国红枫主要有两种繁殖方式，有性繁殖和无性繁殖。无性繁殖一般是通过扦插育苗、组织培养等方式进行培育。树苗直接继承了母本的性状，不会发生变异。也就是说母本植株的叶片是什么颜色，美国红枫小苗也会表现出什么颜色。通过无性繁殖得到的美国红枫小苗变色会非常稳定。

【园林应用】美国红枫是欧美经典的彩色行道树，叶色鲜红美丽，在园林绿化中被广泛应用于园林绿地及庭院做观赏树，以孤植、散植为主，也宜于与景石相伴，观赏效果佳。

（a）美国红枫的叶

（b）美国红枫的果

（c）美国红枫局部效果

（d）美国红枫的树干

（e）美国红枫路边点缀

（f）美国红枫丛植景观

图 5-8　美国红枫景观

9. 金叶复叶槭

【科属】槭树科、槭属

【形态特征】落叶乔木，高 10m 左右，属速生树种。小枝光滑，奇数羽状复叶，叶较大，对生，小叶 3~5 枚，卵状椭圆形，长 3~5cm，叶春季金黄色。叶背平滑，缘有不整齐粗齿。先花后叶。雄花的花序聚伞状，雌花的花序总状，均由无叶的小枝旁边生出，常下垂，花梗长 1.5~3cm，花小，黄绿色，开于叶前，雌雄异株，无花瓣及花盘，雄蕊 4~6，花丝很长，子房无毛。小坚果凸起，近于长圆形或长圆卵形，无毛；翅宽 8~10mm，稍向内弯，连同小坚果长 3~3.5cm，张开成锐角或近于直角。花期 4~5 月，果期 9 月。

【生长习性】金叶复叶槭喜欢阳光的照射，喜冷凉气候，耐干旱、耐寒冷、耐轻度盐碱地，喜疏松肥沃土壤，耐烟尘，根萌蘖性强。生长较快，在河南比一般品种速生杨的生长速度还要快。我国华北、东北、西北及华东地区均有作园林绿化植物栽培。

【栽植养护】金叶复叶槭容易形成"大头"现象，造成枝干弯曲，因此定植后在每行隔 30~50m 立一支柱，上拉 2~3 道铁丝，栽植每株复叶槭同时插入一根竹竿并固定在铁丝上，然后将苗木绑缚在竹竿上。每隔一段时间要松一下绑缚物，防止缢伤树干，这样可有效解决金叶复叶槭树干弯曲问题。

【园林应用】金叶复叶槭作为优秀的观花乔木，在园林绿化中被广泛用于公园绿化、庭院绿化、道路绿化、街区城市等，在实际应用中栽植于建筑物前、院落内、池畔、河边、草坪旁及公园中小径两旁均很相宜。

（a）金叶复叶槭的叶

（b）金叶复叶槭的花　　　　　　　　（c）金叶复叶槭的枝

（d）金叶复叶槭路边列植　　　　　　（e）金叶复叶槭路边列植

（f）金叶复叶槭丛植景观

图5-9　金叶复叶槭景观

10. 鸡爪槭

【科属】槭树科、槭属

【形态特征】落叶小乔木；树冠伞形。树皮平滑。树皮深灰色。小枝紫或淡紫绿色，老枝淡灰紫色。叶纸质，外貌圆形，基部心脏形或近于心脏形稀截形，5~9 掌状分裂，通常 7 裂，裂片长圆卵形或披针形，先端锐尖或长锐尖，边缘具紧贴的尖锐锯齿；裂片间的凹缺钝尖或锐尖，深达叶片直径的 1/2 或 1/3；上面深绿色，无毛；下面淡绿色，在叶脉的脉腋被有白色丛毛；叶柄细瘦，无毛。后叶开花；花紫色，杂性，雄花与两性花同株；伞房花序。萼片卵状披针形；花瓣椭圆形或倒卵形。幼果紫红色，熟后褐黄色，果核球形，脉纹显著，两翅成钝角。花果期 5~9 月。

【生长习性】喜疏阴的环境，夏日怕日光曝晒，抗寒性强，能忍受较干旱的气候条件。多生于阴坡湿润山谷，耐酸碱，较耐燥，不耐水涝，凡西晒及潮风所到地方，生长不良。适应于湿润和富含腐殖质的土壤。

【栽植养护】为防止烈日灼晒，7~8 月要搭棚遮阴，浇水преп防旱，并追施稀薄腐熟的饼肥水，以促进幼苗的生长。当年生苗木可高达 30~40cm，留床 1 年后再分栽。红枫、羽毛枫等观赏变种，通常采用嫁接繁殖，在春季萌芽前进行，以 2~3 年生的鸡爪槭实生苗为砧木。切接或腹接，需离地面数厘米处。接活后生长较缓慢，要加强管理。

【园林应用】在园林绿化中，常用不同品种配置于一起，形成色彩斑斓的槭树园；植于山麓、池畔，以显其潇洒、婆娑的绰约风姿；配以山石则具古雅之趣。另外，还可植于花坛中作主景树，植于园门两侧、建筑物角隅，装点风景；以盆栽用于室内美化，也极为雅致。

（a）鸡爪槭的果

（b）鸡爪槭的花　　　　　（c）鸡爪槭的叶

（d）鸡爪槭丛植景观　　　　（e）鸡爪槭局部景观

（f）鸡爪槭景观效果

图 5-10　鸡爪槭景观

11. 北美红栎

【科属】壳斗科、栎属

【形态特征】落叶乔木，树形高大，成年树干高达 18~30m，胸径 90cm，冠幅可达 15m。幼树呈金字塔状，树形为卵圆形；随着树龄的增长，树形逐渐变为圆形至圆锥形。树干笔直，树冠匀称宽大，树枝条直立，嫩枝呈绿色或红棕色，第二年转变为灰色。叶柄长 2.5~5.0cm，叶大，互生，倒卵形，革质，具波状锯齿或羽状深裂，有光泽。叶子形状美观，叶形波状，宽卵形，两侧有 4~6 对大的裂片，革质，表面有光泽，叶片 7~11 裂，春夏叶片亮绿色有光泽，秋季叶色逐渐变为粉红色、亮红色或红褐色，直至冬季落叶，持续时间长。雄性葇荑花序，花黄棕色，下垂，4 月底开放。坚果棕色，球形。

【生长习性】北美红栎喜光、耐半阴，在林冠下生长不良，充足的光照可使秋季叶色更加鲜艳。主根发达、耐瘠薄，萌蘗强。抗污染、抗风沙、抗病虫。对土壤要求不严，喜砂壤土或排水良好的微酸性土壤。对贫瘠、干旱、不同酸碱度的土壤适应性均强，在水、肥充足的地方生长迅速。

【栽植养护】北美红栎因其直立性状明显，如果栽培中由于其他原因造成主干不直，可在第 2 年春季定植后于主干基部平茬，当年生长量可达 60~100cm。据圃地观察，一二年生小苗因抗性较弱，在冬季露地越冬时，部分植株易发生"抽梢"现象，发生此类现象的苗木可在第 2 年春季于主干基部上约 5cm 处平茬即可。3 年生以上大苗无上述现象发生，可广泛应用于园林绿化建设中。

【园林应用】北美红栎树体高大，树冠匀称，枝叶稠密，叶形美丽，色彩斑斓，且红叶期长，秋冬季节叶片仍宿存枝头，观赏效果好，多用于景观树栽植；也是优良的行道树和庭荫树种，被广泛栽植于草地、公园、高尔夫球场等场所。

（a）北美红栎绿色叶

（b）北美红栎的叶　　　　　　　（c）北美红栎的果

（d）北美红栎孤植景观　　　　　　（e）北美红栎局部景观

（f）北美红栎彩叶景观

图 5-11　北美红栎景观

12. 栾树

【科属】无患子科、栾树属

【形态特征】落叶乔木或灌木；树皮厚，灰褐色至灰黑色，老时纵裂；皮孔小，灰至暗褐色；小枝具疣点，与叶轴、叶柄均被皱曲的短柔毛或无毛。叶丛生于当年生枝上，平展，一回、不完全二回或偶有为二回羽状复叶。聚伞圆锥花序，密被微柔毛，在末次分枝上的聚伞花序具花3~6朵，密集呈头状；苞片狭披针形，被小粗毛；花淡黄色，稍芬芳；萼裂片卵形，边缘具腺状缘毛，呈啮蚀状；花瓣4，开花时向外反折。蒴果圆锥形，具3棱，顶端渐尖，外面有网纹，内面平滑且略有光泽；种子近球形。花期6~8月，果期9~10月。

【生长习性】喜光，稍耐半阴，耐寒，不耐水淹，耐干旱和瘠薄，对环境的适应性强，喜欢生长于石灰质土壤中，耐盐渍及短期水涝。栾树具有深根性，萌蘖力强，生长速度中等，幼树生长较慢，以后渐快，有较强抗烟尘能力。

【栽植养护】栾树病虫害少，栽培管理容易，栽培土质以深厚、湿润的土壤最为适宜。以播种繁殖为主，分蘖或根插亦可，移植时适当剪短主根及粗侧根，这样可以促进多发须根，容易成活。秋季果熟时采收，及时晾晒去壳。因种皮坚硬不易透水，如不经处理，第二年春播常不发芽，故秋季去壳播种，可用湿沙层积处理后春播。一般采用垄播，垄距60~70cm，因种子出苗率低，故用种量大，播种量30~40kg/亩（1亩≈667m^2）。

【园林应用】 栾树春季嫩叶多为红叶，夏季黄花满树，入秋叶色变黄，果实紫红，形似灯笼，十分美丽。栾树宜作庭荫树、行道树及园景树，同时也作为居民区、工厂区及村旁绿化树种，栾树也是工业污染区配植的好树种。

（a）栾树的叶

（b）栾树的果　　　　　　　　　　（c）栾树的果

（d）栾树局部景观　　　　　　（e）栾树植于路边起引导作用

（f）栾树孤植景观

图 5-12　栾树景观

13. 银杏

【科属】银杏科、银杏属

【形态特征】银杏为落叶大乔木，胸径可达 4m。树皮灰褐色，深纵裂；有长枝与生长缓慢的矩状短枝，枝近轮生，斜上伸展（雌株的大枝常较雄株开展）；一年生的长枝淡褐黄色，二年生以上变为灰色，并有细纵裂纹；短枝密被叶痕，黑灰色，短枝上亦可长出长枝；冬芽黄褐色，常为卵圆形，先端钝尖。叶互生，在长枝上辐射状散生，在短枝上 3~5 枚成簇生状，有细长的叶柄，扇形，两面淡绿色，无毛，有多数叉状并列细脉，在宽阔的顶缘具缺刻或 2 裂。雌雄异株。种子核果状，椭圆形，熟时呈淡黄色，外被白粉；外种皮肉质，有臭味，9~10 月成熟。

【生长习性】银杏为阳性树，喜适当湿润而排水良好的深厚壤土，适于生长在水热条件比较优越的亚热带季风区。在酸性土（pH4.5）、石灰性土（pH8.0）中均可生长良好，而以中性或微酸土最适宜，不耐积水之地，较能耐旱，但在过于干燥处及多石山坡或低湿之地生长不良。初期生长较慢，萌蘖性强。

【栽植养护】银杏以秋季带叶栽植及春季发叶前栽植为主，秋季栽植在 10~11 月进行，可使苗木根系有较长的恢复期，为第二年春地上部发芽做好准备。银杏栽植要按设计的株行距挖栽植窝，窝挖好后要回填表土，施发酵过的含过磷酸钙的肥料。定植好后及时浇定根水，以提高成活率。

【园林应用】银杏对气候土壤要求都很宽泛，抗烟尘、抗火灾、抗有毒气体。银杏树体高大、树干通直、姿态优美、春夏翠绿、深秋金黄，是理想的园林绿化、行道树种。可用于园林绿化、行道、公路、田间林网、防风林带的理想栽培树种。

（a）银杏的叶

（b）银杏局部景观

（c）银杏路边列植

（d）银杏局部景观

（e）银杏景观效果

（f）银杏景观效果

图 5-13　银杏景观

14. 鹅掌楸

【科属】木兰科、鹅掌楸属

【形态特征】乔木，高达 40m，胸径 1m 以上，小枝灰色或灰褐色。叶马褂状，长 4~18cm，近基部每边具 1 侧裂片，先端具 2 浅裂，下面苍白色，叶柄长 4~16cm。花杯状，花被片 9，外轮 3 片绿色，萼片状，向外弯垂，内两轮 6 片、直立，花瓣状、倒卵形，长 3~4cm，绿色，具黄色纵条纹，花药长 10~16mm，花丝长 5~6mm，花期时雌蕊群超出花被之上，心皮黄绿色。聚合果长 7~9cm，具翅的小坚果长约 6mm，顶端钝或钝尖，具种子 1~2 颗。花期 5 月，果期 9~10 月。

【生长习性】喜光及温和湿润气候，有一定的耐寒性，喜深厚肥沃、适湿而排水良好的酸性或微酸性土壤（pH4.5~6.5），在干旱土地上生长不良，也忌低湿水涝。通常生于海拔 900~1000m 的山地林中或林缘，呈星散分布，也有组成小片纯林。

【栽植养护】鹅掌楸用种子繁殖，必须用人工辅助授粉。秋季采种精选后在湿沙中层积过冬，于次年春季播种育苗。第三年苗高 1m 以上时即可出圃定植。移植时应保护根部。栽培土质以深厚、肥沃、排水良好的酸性和微酸性土壤为宜。

【园林应用】鹅掌楸树形雄伟，叶形奇特，是城市中极佳的行道树、庭荫树种，无论丛植、列植或片植于草坪、公园入口处，均有独特的景观效果，对有害气体的抵抗性较强，也是工矿区绿化的优良树种之一。

（a）鹅掌楸的花

（b）鹅掌楸的叶　　　　　　　（c）鹅掌楸列植景观

（d）鹅掌楸路边列植　　　　　　（e）鹅掌楸景观效果

（f）鹅掌楸景观效果

图 5-14　鹅掌楸景观

15. 黄连木

【科属】漆树科、黄连木属

【形态特征】落叶乔木，高达 25~30m；树皮裂成小方块状；小枝有柔毛，冬芽红褐色。奇数羽状复叶互生，有小叶 5~6 对，叶轴具条纹，被微柔毛，叶柄上面平，被微柔毛；小叶对生或近对生，纸质，披针形或卵状披针形或线状披针形，长 5~10cm，宽 1.5~2.5cm，先端渐尖或长渐尖，基部偏斜，全缘，两面沿中脉和侧脉被卷曲微柔毛或近无毛，侧脉和细脉两面突起；小叶柄长 1~2mm。花小，单性异株，无花瓣；雌花成腋生圆锥花序，雄花成密总状花序。核果球形，径约 6mm，熟时红色或紫蓝色。

【生长习性】喜光，幼时稍耐阴；喜温暖，畏严寒；耐干旱瘠薄，对土壤要求不严，微酸性、中性和微碱性的砂质、黏质土均能适应，而以在肥沃、湿润而排水良好的石灰岩山地生长最好。深根性，主根发达，抗风力强；萌芽力强。生长较慢，寿命可长达 300 年以上。对二氧化硫、氯化氢和煤烟的抗性较强。

【栽植养护】黄连木从播种到出苗结束历时 28 天左右，种子出苗前，要保持土壤湿润，为提高成活率，要早间苗，第 1 次间苗在苗高 3~4cm 时进行，去弱留强。以后根据幼苗生长发育间苗 1~2 次，最后 1 次间苗应在苗高 15cm 时进行。

【园林应用】黄连木早春嫩叶红色，入秋叶又变成深红或橙黄色，是城市及风景区的优良绿化树种，宜作庭荫树、行道树及观赏风景树，也常作"四旁"绿化及低山区造林树种。在园林中植于草坪、坡地、山谷或于山石、亭阁之旁配植无不相宜。

（a）黄连木的叶

（b）黄连木局部景观

（c）黄连木的果

（d）黄连木局部景观

（e）黄连木与其他植物配置景观

（f）黄连木景观效果

图 5-15 黄连木景观

16. 杜梨

【科属】蔷薇科、梨属

【形态特征】落叶乔木，枝常有刺。株高 10m，枝具刺，二年生枝条紫褐色。叶片菱状卵形至长圆卵形，长 4~8cm，宽 2.5~3.5cm，先端渐尖，基部宽楔形，稀近圆形，边缘有粗锐锯齿，幼叶上下两面均密被灰白色绒毛，成长后脱落，老叶上面无毛而有光泽，下面微被绒毛或近于无毛；叶柄长 2~3cm，被灰白色绒毛；托叶膜质，线状披针形，长约 2mm，两面均被绒毛，早落。伞形总状花序，有花 10~15 朵，花梗被灰白色绒毛，苞片膜质，线形，花瓣白色，雄蕊花药紫色，花柱具毛。果实近球形，褐色，有淡色斑点，花期 4 月，果期 8~9 月。

【生长习性】适生性强，喜光，耐寒，耐旱，耐涝，耐瘠薄，在中性土及盐碱土均能正常生长。对土壤要求不严格，砂土、壤土、黏土都可以栽培。pH值在 5~8.5 均可，但以 5.5~6.5 为最佳。

【栽植养护】秋季采种后堆放于室内，使其果肉自然发软，期间需经常翻搅，防止其腐烂，待果肉发软后，放在水中搓洗，将种子捞出，放在室内阴干，11 月份土壤上冻前进行混砂贮藏，湿砂与种子之比为 3∶1，拌匀后放在室外背阴的贮藏池内，为防止种子脱水，可再盖 10cm 左右的湿砂，来年春季解冻后，要每天一次及时翻搅，以防霉烂变质，种芽露白后，及时播种，20 天左右即可发芽，定植 5 年左右可开花。

【园林应用】杜梨不仅生性强健，对水肥要求也不严，其树形优美，花色洁白，可用于街道庭院、公园及居民小区中孤植、对植、丛植，可独成一景。

（a）杜梨的果

（b）杜梨的花　　　　　　　　　　（c）杜梨的叶

（d）杜梨局部景观　　　　　　　　（e）杜梨与其他植物配置景观

（f）杜梨景观效果

图 5-16　杜梨景观

17. 柿树

【科属】柿科、柿属

【形态特征】落叶大乔木。通常高达 10~14m，胸高直径达 65cm；树皮深灰色至灰黑色，或者黄灰褐色至褐色；树冠球形或长圆球形。枝开展，带绿色至褐色，无毛，散生纵裂的长圆形或狭长圆形皮孔；嫩枝初时有棱，有棕色柔毛或绒毛或无毛。叶纸质，卵状椭圆形至倒卵形或近圆形；叶柄长 8~20mm。花雌雄异株，花序腋生，为聚伞花序；花梗长约 3mm。果形有球形、扁球形等；种子褐色，椭圆状，侧扁；果柄粗壮，长 6~12mm。花期 5~6 月，果期 9~10 月。

【生长习性】柿树是深根性树种，又是阳性树种，喜温暖气候，充足阳光和深厚、肥沃、湿润、排水良好的土壤，适生于中性土壤，较能耐寒，也较能耐瘠薄，抗旱性强，不耐盐碱土。柿树多数品种在嫁接后 3~4 年开始结果，10~12 年达盛果期，实生树则 5~7 龄开始结果，结果年限在 100 年以上。

【栽植养护】栽植时先将心土与厩肥或堆肥再加少量过磷酸钙混合填入穴内，填至距穴上口地表 20cm 时即可放入树苗，边填边振动树苗，使土流入根的缝隙中，填满后在穴周围修成土埂，再充分浇水，水渗下后用细土覆盖，防止蒸发。深度以苗的根颈与地面平齐或稍深 5~10cm 为宜，浇水时若发现栽得过深的，可稍稍将苗提起，根基立即加土护住，待水渗完后再培土保护。

【园林应用】柿树适应性及抗病性均强，柿树寿命长，可达 300 年以上。叶片大而厚。到了秋季柿果红彤彤，外观艳丽诱人；到了晚秋，柿叶也变成红色，此景观极为美丽。故柿树是园林绿化和庭院经济栽培的最佳树种之一。

（a）柿树的叶

（b）柿树的果　　　　　　　　（c）柿树的叶

（d）柿树的局部　　　　　　　（e）柿树孤植景观

（f）柿树景观效果

图 5-17　柿树景观

18. 胡杨

【科属】杨柳科、杨属

【形态特征】落叶中型天然乔木，直径可达 1.5m，树干通直，高 10~15m，稀灌木状。叶形多变化，卵圆形、卵圆状披针形、三角伏卵圆形或肾形，长25cm，宽 3cm，先端有 2~4 对粗齿牙，基部楔形、阔楔形、圆形或截形，有 2 腺点，两面同色；稀近心形或宽楔形；叶柄长 1~3cm，光滑，微扁，约与叶片等长；萌枝叶柄极短，长仅 1cm，有短绒毛或光滑。叶子边缘还有很多缺口，又有点像枫叶，叶革质化、枝上长毛，甚至幼树叶如柳叶，以减少水分的蒸发，故它又有"变叶杨""异叶杨"之称。雌雄异株，菜黄花序；苞片菱形，上部常具锯齿，早落。萌果长卵圆形，长 10~12mm，2~3 瓣裂，无毛。花期 5 月，果期 7~8 月。

【生长习性】胡杨是干旱大陆性气候条件下的树种。喜光、抗热、抗大气干旱、抗盐碱、抗风沙。在湿热的气候条件和黏重土壤上生长不良。胡杨要求砂质土壤，沙漠河流流向哪里，胡杨就跟随到哪里。

【栽植养护】胡杨的成年树具有强大的水平根系，这些水平根系上的不定芽，具有旺盛的萌蘖能力，成为胡杨自然繁殖的主要方式。在荒漠条件下，胡杨种子繁殖的情况是有限的，根蘖繁殖则是普遍的。凡有胡杨生长的地方，沿公路的取土坑里，与胡杨林相邻近的农田边上，都可以看到胡杨的根蘖苗，这些根蘖苗经多年生长，可以长成茂密的次生林。

【园林应用】胡杨是荒漠地区特有的珍贵森林资源，它的首要作用在于防风固沙，创造适宜的绿洲气候和形成肥沃的土壤，胡杨也被人们誉为"沙漠守护神"。胡杨对于稳定荒漠河流地带的生态平衡，防风固沙，调节绿洲气候和形成肥沃的森林土壤，具有十分重要的作用。

（a）胡杨的叶

（b）胡杨的叶

（c）胡杨的花

（d）胡杨景观效果

（e）胡杨景观效果

（f）胡杨景观效果

图5-18 胡杨景观

19. 乌桕

【科属】大戟科、乌桕属

【形态特征】乔木，高可达 15m，各部均无毛而具乳状汁液；树皮暗灰色，有纵裂纹；枝广展，具皮孔。叶互生，纸质，叶片菱形、菱状卵形或稀有菱状倒卵形，长 3~8cm，宽 3~9cm，顶端骤然紧缩具长短不等的尖头，基部阔楔形或钝，全缘；中脉两面微凸起，侧脉 6~10 对，纤细，斜上升，离缘 2~5mm 弯拱网结，网状脉明显；叶柄纤细，顶端具 2 腺体；托叶顶端钝，长约 1mm。花单性，雌雄同株，聚集成顶生、长 6~12cm 的总状花序，雌花通常生于花序轴最下部或罕有在雌花下部亦有少数雄花着生，雄花生于花序轴上部或有时整个花序全为雄花。蒴果梨状球形，成熟时黑色。具 3 种子，种子扁球形，黑色，外被白色、蜡质的假种皮。花期 4~8 月。

【生长习性】喜光，不耐阴。喜温暖环境，不甚耐寒。适生于深厚肥沃、含水丰富的土壤，对酸性、钙质土、盐碱土均能适应。主根发达，抗风力强，耐水湿。寿命较长。年平均温度 15℃以上，年降雨量 750mm 以上地区都可生长。

【栽植养护】乌桕树苗在苗圃培育 3~4 年，1m 高处直径 6cm 左右可出圃用于园林绿化，规格不可太小，否则难以产生较好的景观效果。乌桕的移栽宜在春季（4~5 月）进行，萌芽前和萌芽后都可栽植，但在实践中萌芽时移栽的成活率相对于萌芽前、后移栽要低。

【园林应用】乌桕树冠整齐，叶形秀丽，秋叶经霜时如火如荼，十分美观，常孤植、丛植于草坪和湖畔、池边，在园林绿化中可栽作护堤树、庭荫树及行道树。在城市园林中，乌桕可作行道树，可栽植于道路景观带，也可栽植于广场、公园、庭院中，或成片栽植于景区、森林公园中，能产生良好的造景效果。

（a）乌桕的花

（b）乌桕的叶　　　　　　　　（c）乌桕局部景观

（d）乌桕的果　　　　　　　　（e）乌桕局部景观

（f）乌桕景观效果

图 5-19　乌桕景观

20. 光叶榉

【科属】枷科、榉属

【形态特征】乔木，高达 30m，胸径达 100cm；树皮灰白色或褐灰色，呈不规则的片状剥落；当年生枝紫褐色或棕褐色，疏被短柔毛，后渐脱落；冬芽圆锥状卵形或椭圆状球形。叶薄纸质至厚纸质，大小形状变异很大，卵形、椭圆形或卵状披针形，长 3~10cm，宽 1.5~5cm，先端渐尖或尾状渐尖，基部有的稍偏斜，圆形或浅心形，稀宽楔形，叶面绿，干后绿或深绿，稀暗褐色，稀带光泽，幼时疏生糙毛，后脱落变平滑，叶背浅绿，幼时被短柔毛，后脱落或仅沿主脉两侧残留有稀疏的柔毛，边缘有圆齿状锯齿，具短尖头，侧脉 (5~)7~14 对。秋季叶色变红。

【生长习性】光叶榉性喜温暖至高温，生长适温为 15~28℃。喜光，稍耐阴，喜肥沃湿润的土壤，耐烟尘，抗病虫害能力极强。

【栽植养护】可用播种、根插法。不拘土质，但以肥沃的壤土或砂质壤土为佳，日照需良好，过分阴暗会落叶。幼树春至中秋每 1~2 个月施肥一次。园景树每年冬季落叶后应整枝修剪，已修剪成各种造型的，必须随时留意整姿和修剪长枝。

【园林应用】主干通直，冠形圆整，枝叶浓密，秋色艳丽。宜作行道树、园景树、防风树、盆景。风景区内群植成林，可以单纯成林，也可与其他红叶或黄叶树种混交成林；在造景时宜表现群体景观。

（a）光叶榉的叶

（b）光叶榉的树干　　　　　　　　（c）光叶榉的果

（d）光叶榉路边列植　　　　　　　（e）光叶榉局部景观

（f）光叶榉与其他植物配置景观

图 5-20　光叶榉景观

21. 紫叶挪威槭

【科属】槭树科、槭树属

【形态特征】落叶乔木。树高 10.5~12m，最高可达 24m，冠幅 7.5~9.0m，树形美观，接近卵圆形，树干笔直，枝叶较密。叶星形，对生，浅裂，叶缘锯齿状，叶脉手掌状，叶片长 10~20cm。叶片春、夏季为深紫铜色，秋季变紫红色，叶色绚丽。4 月开花，花朵淡红色、栗黄色或绿色，花茎红色。翼果长 2.5~7.5cm，绿色、红色或棕色，翼翅紫色，夏季成熟，结果期是 9~10月。嫩枝棕色。

【生长习性】易移栽，对不同土壤的适应能力强，不管是黏土、砂壤土还是酸性、碱性土壤均能生长良好。喜光照充足、肥沃、排水性良好的土壤。耐干旱和耐盐碱能力中等，耐干热能力要优于大多数槭树科品种，是全日照或部分遮阴树种。耐空气污染，特别耐臭氧和二氧化硫。病虫害极少发生。

【栽植养护】紫叶挪威槭可用播种繁殖或嫁接繁殖，而播种繁殖，不能很好地保证品种的纯性，很可能发生品种变异，从而失去该品种的观赏价值，所以大多选择嫁接繁殖。选用 1 年生的五角枫、元宝枫或北美枫做砧木，在 8 月中旬至 9 月上旬进行（芽接）或在春季砧木萌芽时嫁接，成活率较高，成活率可达90% 以上（春季嫁接可露芽进行），嫁接时，芽片带木质不宜过厚，大小以截面露白为宜。

【园林应用】紫叶挪威槭树形威武壮观，拥有国王般的豪迈气势，生命力非常旺盛。可用于公园点缀、街道两侧遮阴、高速公路中央隔离带和停车场绿化等，同时也是非常好的行道树种。

（a）紫叶挪威槭的叶

（b）紫叶挪威槭局部景观　　　　　　（c）紫叶挪威槭的叶

（d）紫叶挪威槭的花　　　　　　（e）紫叶挪威槭**群植景观**

（f）紫叶挪威槭**孤植景观**

图 5-21　紫叶挪威槭景观

22. 银叶树

【科属】梧桐科、银叶树属

【形态特征】 常绿乔木，高约 10m；树皮灰黑色，小枝幼时被白色鳞秕。叶革质，矩圆状披针形、椭圆形或卵形，长 10~20cm，宽 5~10cm，顶端锐尖或钝，基部钝，上面无毛或几无毛，下面密被银白色鳞秕；叶柄长 1~2cm；托叶披针形，早落。圆锥花序腋生，长约 8cm，密被星状毛和鳞秕；花红褐色；萼钟状，长 4~6mm，两面均被星状毛，5 浅裂，裂片三角形，长约 2mm；雄花的花盘较薄，有乳头状突起，雌雄蕊柄短而无毛，花药 4~5 个在雌雄蕊柄顶端排成一环；雌花的心皮 4~5 枚，柱头与心皮同数且短而向下弯。果木质，坚果状，近椭圆形，光滑，干时黄褐色，长约 6cm，宽约 3.5cm，背部有龙骨状突起；种子卵形，长 2cm。花期夏季。

【生长习性】银叶树是我国台湾最著名的板根树，板根是热带植物在潮湿环境的生态现象，由于生长在热带潮湿多雨的环境，故根部往上生长呈板状，用以支持及呼吸，这是对东南亚台风气候条件适应的表现，也成为热带雨林的特征。

【栽植养护】银叶树主要通过种子进行繁殖。采用常温沙藏的方法进行种子贮藏最有利于种子的发芽，时间短且发芽率高。培育幼苗最好选用黄心土和沙子的混合基质，且银叶树不适合在盐碱地生长，应控制土壤的酸碱度。

【园林应用】于庭院大厅进门口左右侧边、大厅的玻璃窗外、亭阁周边、假山景石边、墙角转弯处等位置，根据面积大小，片植或丛植一小片银叶树突显出清幽高雅之感，幽而不暗，闹而不喧，心境顿感平和，别有一番情趣。

（a）银叶树的叶

（b）银叶树的叶背　　　　　　　（c）银叶树的花

（d）银叶树的果　　　　　　　（e）银叶树局部景观

（f）银叶树群植景观

图 5-22 银叶树景观

23. 七叶树

【科属】七叶树科、七叶树属

【形态特征】落叶乔木，高达 25m，树皮深褐色或灰褐色，小枝圆柱形，黄褐色或灰褐色，有淡黄色的皮孔。冬芽大形，有树脂。掌状复叶，由 5~7 枚小叶组成，上面深绿色，无毛，下面除中肋及侧脉的基部嫩时有疏柔毛外，其余部分无毛。花序圆筒形，花序总轴有微柔毛，小花序常由 5~10 朵花组成，平斜向伸展，有微柔毛。花杂性，雄花与两性花同株，花萼管状钟形，花瓣 4，白色，长圆倒卵形至长圆倒披针形。果实球形或倒卵圆形，黄褐色，无刺，具很密的斑点。种子常 1~2 粒发育，近于球形，栗褐色；种脐白色，约占种子体积的 1/2。花期 4~5 月，果期 10 月。

【生长习性】喜光，稍耐阴；喜温暖气候，也能耐寒；喜深厚、肥沃、湿润而排水良好的土壤。深根性，萌芽力强；生长速度中等偏慢，寿命长。七叶树在炎热的夏季叶子易遭日灼。

【栽植养护】七叶树主要以种子繁殖为主。在种子发芽前要保持土壤湿润，一个月后出土。要及时除草，保证苗地内无杂草；当苗高 25cm 以后，要松土、除草，并且在阴雨天进行间苗。幼苗生长期，还要经常保持圃地湿润，从苗木出土到 6 月上旬是七叶树高生长期，要增大浇水量；7~8 月为七叶树苗木质化期，应减少浇水量，促进苗木地茎生长和木质化。

【园林应用】七叶树树干耸直，冠大阴浓，初夏繁花满树，硕大的白色花序又似一盏华丽的烛台，蔚然可观，是优良的行道树和园林观赏植物，可作人行步道、公园、广场绿化树种，既可孤植也可群植，或与常绿树和阔叶树混种。

(a) 七叶树的花

（b）七叶树的果

（c）七叶树的彩叶

（d）七叶树列植景观

（e）七叶树与其他植物配置景观

（f）七叶树列植景观

图 5-23　七叶树景观

24. 中华金叶榆

【科属】榆科、榆属

【形态特征】叶片金黄色，有自然光泽，色泽艳丽；叶脉清晰，质感好；叶卵圆形，平均长 3~5cm，宽 2~3cm，比普通白榆叶片稍短；叶缘具锯齿，叶尖渐尖，互生于枝条上。金叶榆的枝条萌生力很强，一般当枝条上长出大约十几个叶片时，腋芽便萌发长出新枝，因此金叶榆的枝条比普通白榆更密集，树冠更丰满，造型更丰富。

【生长习性】中华金叶榆对寒冷、干旱气候具有极强的适应性，适宜生长区域为北纬 47°10′~22°11′，东经 133°56′~79°55′，横跨热带、亚热带、暖温带、温带、寒温带五种气候带。抗逆性强，可耐−36℃的低温，同时有很强的抗盐碱性。

【栽植养护】中华金叶榆抗逆性强，工程养护管理比较粗放，定植后灌一两次透水就可以保证成活。为保证植株景观效果，每年需进行一两次修剪（一般为球形，特殊造型除外）。苗圃地应选择地势平坦、排水良好、背风向阳、有围栏设施的地方。地下水位最高不超过 1.5m、土层厚不少于 50cm。平原除盐碱化的土壤、山区除栗钙土外均适宜建苗圃，即微酸性至微碱性的砂壤土、壤土或黏壤土均可。其适宜的 pH 值为 6.0~8.0。

【园林应用】初春时期，中华金叶榆便绽放出娇黄的叶芽，似无数朵蜡梅绽放枝头，娇嫩可爱，早早给人们带来春天的信息；至夏初，叶片变得金黄艳丽，格外醒目，将街道、公园等景点打扮得富丽堂皇；盛夏后至落叶前，树冠中下部的叶片渐变为浅绿色，枝条中上部的叶片仍为金黄色，黄绿相衬，在炎热中给人带来清新的感觉。

（a）中华金叶榆的叶

（b）中华金叶榆的叶

（c）中华金叶榆的树干

（d）中华金叶榆列植景观

（e）中华金叶榆列植景观

（f）中华金叶榆群植景观

图 5-24　中华金叶榆景观

25. 金叶国槐

【科属】豆科、槐属

【形态特征】落叶乔木，树冠呈伞形。叶子为奇数羽状复叶，叶片为卵形，全缘，比国槐叶片较舒展，平均长 2.5cm，宽 2cm，从端部到顶部大小均匀，每个复叶有 17~21 个单叶。春季萌发的新叶及后期长出的新叶，在生长期的前 4 个月，均为金黄色，在生长后期及树冠下部见光少的老叶，呈现淡绿色，所以其树冠在 8 月前为全黄色，在 8 月后上半部为金黄色，下半部为淡绿色。金叶国槐叶片的黄色为娇艳喜人的金黄色，远看似金花盛开，十分醒目。

【生长习性】金叶国槐喜光，对土壤要求不严，酸性、中性、微碱性的土壤均能正常生长，根系深，萌芽力强，耐干旱、寒冷，高抗二氧化硫、硫化氢等污染，适生区域广泛，普通国槐能生长的地方，金叶国槐均能生长。

【栽植养护】嵌芽接是生产上常用的一种嫁接方法，操作简便，成活率高。芽接时选择当年生长健壮、叶芽饱满的枝条作接穗，剪去叶片用湿毛巾包好或泡于水中，以备取芽用。选取 1~2 年生的苗木作砧木，砧木不宜过大。嫁接时先从接穗上削取盾形芽片。芽片的大小一般长 1~2cm，宽 0.5~1cm，使芽居于芽片中部或稍偏上些。砧木在离地面5cm 左右处选一平直光滑部位，与削芽片同样方法削一形状与芽片相吻合的切口，长度要能刚好装下最好。

将芽片插入切口，使形成层对齐，最后用塑料薄膜绑好。

【园林应用】金叶国槐具有色彩金黄、树冠丰满和高大的乔木特点，它可广泛用作园林孤植造景和成行成片造景树种，如与其他红、绿色乔、灌木树种配植，更会显示出其鲜艳夺目的效果。

（a）金叶国槐局部景观

（b）金叶国槐的花　　　　　　　　　（c）金叶国槐局部景观

（d）金叶国槐列植景观　　　　　　　（e）金叶国槐景观应用

（f）金叶国槐与其他植物配置景观

图 5-25　金叶国槐景观

26. 蓝粉云杉

【科属】松科、云杉属

【形态特征】常绿乔木，高达 15m，树冠圆锥形至柱形，幅宽达 5m。叶四棱，锐尖，粗壮，蓝灰绿色，螺旋状排列在紫灰色小枝上。

【生长习性】生长速度较慢，定植后每年可生长 30cm。喜欢较为凉爽的气候，对光照的要求较高，稍耐贫瘠，但在湿润、肥沃和微酸性土壤中生长更好。耐旱、耐盐能力中等，忌高热和污染。

【栽植养护】它的根系较浅，但非常发达，最好选择容器苗或带土苗在春天移栽。为了使植株周围保持土壤湿润，可用一些富含有机质的覆盖物覆盖树基（并且还能缓慢释放养分）。干旱季节需要对植株补充水分。一般不用修剪，可剪去已死的下部枝条。如果要对健康枝条修剪，最好在仲夏至秋天。可孤植或丛植。

【园林应用】蓝粉云杉树冠尖塔形，树姿优美，色彩蓝色或蓝绿色，在园林应用中色彩突出别致，常在庭院、公园中以孤植来突出其色彩，成为点睛之笔。

（a）蓝粉云杉的叶

（b）蓝粉云杉群植景观　　　　　　（c）蓝粉云杉局部景观

（d）蓝粉云杉孤植景观　　　　（e）蓝粉云杉与其他植物配置景观

（f）蓝粉云杉孤植景观

图 5-26　蓝粉云杉景观

27. 金线柏

【科属】柏科、扁柏属

【形态特征】常绿乔木，树皮红褐色，裂成薄片，树冠尖塔形。小枝细长而下垂，鳞叶紧贴，具金黄色叶。雌雄同株，雄球花椭圆形，雌球花单生枝顶，球果当年成熟，球形，种鳞木质，盾形，种子卵圆形，微扁，有棱角。3月开花，11月成熟。

【生长习性】喜光，耐半阴，抗寒耐旱，温带及亚热带树种，较耐阴，性喜温暖湿润气候及深厚的砂壤土，能适应平原环境。幼苗期长缓慢，待郁闭后渐茂盛，抗寒力较强，耐修剪。

【栽植养护】播种、扦插、压条均可。

【园林应用】庭园绿化，观赏，金线柏枝叶细柔，姿态婆娑，园林中孤植、丛植、群植均宜。在草坪、坡地上前后成丛交错配植，丛外点缀数株观叶灌木，相衬成趣。列植于甬道、纪念性建筑物周围，亦颇雄伟。其园艺品种可植于庭院、门边、屋隅。在规则式园林中列植成篱或修成绿墙、绿门及花坛模纹，均甚别致。

（a）金线柏的叶

（b）金线柏的盆栽

（c）金线柏的盆栽

（d）金线柏局部景观

图 5-27 金线柏景观

28. 白扦

【科属】松科、云杉属

【形态特征】乔木，高达 30m，胸径约 60cm；树皮灰褐色，裂成不规则的薄块片脱落；大枝近平展，树冠塔形；小枝有密生或疏生短毛或无毛，一年生枝黄褐色，二、三年生枝淡黄褐色、淡褐色或褐色。主枝之叶常辐射伸展，侧枝上面之叶伸展，两侧及下面之叶向上弯伸，四棱状条形，微弯曲，先端钝尖或钝，横切面四棱形，四面有白色气孔线。球果成熟前绿色，熟时黄褐色，矩圆状圆柱形；中部种鳞倒卵形，先端圆或钝三角形，下部宽楔形或微圆，鳞背露出部分有条纹；种子倒卵圆形，种翅淡褐色，倒宽披针形。花期 4 月，球果 9 月下旬至 10 月上旬成熟。

【生长习性】云杉耐阴、耐寒、喜欢凉爽湿润的气候和肥沃深厚、排水良好的微酸性砂质土壤，生长缓慢，属浅根性树种。

【栽植养护】一般采用播种育苗或扦插育苗，在 1~5 年生实生苗上剪取 1 年生充实枝条作插穗最好，成活率最高。水杉种粒细小，忌旱怕涝，应选择地势平坦、排灌方便、肥沃、疏松的砂质壤土为圃地。播种期以土温在 12℃以上为宜，多在 3 月下旬至 4 月上旬。在种子萌发及幼苗阶段要注意经常浇水，保持土壤湿润，并适当遮阴。

【园林应用】 为华北地区高山上部主要的乔木树种之一。可供建筑、电杆、桥梁、家具及木纤维工业原料用材。宜作华北地区高山上部的造林树种。亦可栽培作庭园树，北京庭园多有栽培，生长很慢。

（a）白扦的果

（b）白扦的叶和果　　　　　　　　（c）白扦的叶

（d）白扦局部景观　　　　　　　　（e）白扦路边点缀

（f）白扦孤植景观

图 5-28　白扦景观

29. 大叶榄仁

【科属】使君子科、榄仁树属

【形态特征】大乔木，高达20m。叶互生，聚集于枝顶，甚大，有光泽，倒卵形，长11~30cm，宽10~16cm，上面无毛，下面幼时有柔毛，后变无毛；叶柄短，有毛。穗状花序单生于枝顶叶腋间，有毛；苞片小，早落；花杂性，雄花生于花序上部，两性花或雌花生于下部，很小，长约1cm，直径约5mm；花萼杯状，5裂，萼筒延伸于子房上方，外面近无毛，内面有毛；无花瓣；雄蕊10；子房下位，幼时被锈色毛，后变无毛。核果倒卵状椭圆形，稍压扁，有2棱，长2.5~5cm，宽2~3cm。原产马来西亚，在我国广东、云南、台湾等地有栽培。种子含油丰富，供榨油食用或入药；树皮与幼叶可为染料。

【生长习性】喜高温多湿，并耐盐分。常生长在山地溪旁，对土壤的要求不高，能在瘠薄的土壤中生长，但在疏松肥沃、排水良好的砂质土壤中生长更好。适宜种植在高燥、阳光充足之处，低洼积水处、过于荫蔽处则不宜种植。因此，生产基地可建在地势开阔、排水良好之处。

【栽植养护】大叶榄仁可用播种法繁殖，取成熟掉落的种子为佳。春至夏季间播种，苗高30cm假植于苗床。树性强健，不拘土质，但以肥沃的砂质壤土为佳。排水、日照需良好。幼株需水较多，应常补给。每年春、夏、秋季各施肥一次。树冠不均衡，冬季落叶后稍加整枝，剪出主干下部侧枝，能促使主干长高。

【园林应用】大叶榄仁在春季新芽翠绿，秋冬落叶前转变为黄色或红色，非常美丽，树姿优美，主要用途是和其他树木构成色彩变化，在庭园美化中的应用尤其广泛。

（a）大叶榄仁的叶

（b）大叶榄仁景观效果　　　　　　　　（c）大叶榄仁局部景观

（d）大叶榄仁的树干　　　　　　　　　（e）大叶榄仁局部景观

（f）大叶榄仁与其他植物配置景观

图 5-29　大叶榄仁景观

30. 霸王棕

【科属】棕榈科、霸王棕属

【形态特征】常绿高大乔木。植物高大,可达30m或更高,在原产地可高达70~80m。茎干光滑,结实,灰绿色。叶片巨大,长3m左右,扇形,多裂,蓝灰色。雌雄异株,穗状花序;雌花序较短粗;雄花序较长,上有分枝。种子较大,近球形,黑褐色。常见栽培的还有绿叶型变种。

【生长习性】霸王棕高大壮观,生长迅速,喜阳光充足、温暖气候与排水良好的生长环境。耐旱、耐寒。霸王棕成株适应性较强,喜肥沃土壤,耐瘠薄,对土壤要求不严,宜选择排灌方便的壤土。但成株移栽应尽量保持完整土球,且土球要较一般棕榈植物长且大,避免移植时发生"移植痴呆症"。

【栽植养护】定植时间宜在4~9月份,选择晴天进行。注意保证小苗的土球完好。定植深度以保持带苗的原来土面刚好露出即可。定植后需要浇透定根水,并且保持土壤湿润。2个月后,小苗开始抽生新叶,此时要及时追肥。如果是大苗移栽则必须提前2~3个月进行断根处理,以提高成活率。断根时间最好在4~9月份,要避免冬季。且大型植株还必须立杆固定。

【园林应用】霸王棕树形挺拔,叶片巨大,形成广阔的树冠,为珍贵而著名的观赏类棕榈,适于庭园栽培和路旁种植,是很有观赏价值的树种。

(a) 霸王棕的果

（b）霸王棕的叶

（c）霸王棕的树干

（d）霸王棕景观效果

（e）霸王棕路边列植

图 5-30　霸王棕景观

31. 重阳木

【科属】大戟科、秋枫属

【形态特征】落叶乔木，高达 15m，胸径 50cm，有时达 1m；树皮褐色，纵裂；木材表面槽棱不显；树冠伞形状，大枝斜展，小枝无毛，当年生枝绿色，皮孔明显，灰白色，老枝变褐色，皮孔变锈褐色；芽小，顶端稍尖或钝，具有少数芽鳞；全株均无毛。三出复叶；叶柄长 9~13.5cm；顶生小叶通常较两侧的大，小叶片纸质，卵形或椭圆状卵形，有时长圆状卵形，顶端突尖或短渐尖，基部圆或浅心形，边缘具钝细锯齿每厘米长 4~5 个；托叶小，早落。花雌雄异株，春季与叶同时开放，组成总状花序；子房 3~4 室，每室 2 胚珠，花柱 2~3 根，顶端不分裂。果实浆果状，圆球形，成熟时褐红色。花期在 4~5 月，果期 10~11 月。

【生长习性】暖温带树种，属阳性。喜光，稍耐阴。喜温暖气候，耐寒性较弱。对土壤的要求不严，在酸性土和微碱性土中皆可生长，但在湿润、肥沃的土壤中生长最好。耐旱，也耐瘠薄，且能耐水湿，抗风耐寒，生长快速，根系发达。

【栽植养护】重阳木以种子繁育为主，混砂贮藏越冬，当年苗高可达 50cm 以上。播种时一般采用大田条播育苗。3 月中旬，当种子胚根长到 1cm 时，开始播种。播种时，断去部分胚根，按行距 20cm、株距 9cm 进行条播。播后盖 0.5cm 厚的细土，淋透水，并搭建 2m 高的 90% 遮阳棚，以保证其幼苗不受日灼危害。播后 20~30 天幼苗出土。1 年生苗高约 50cm，最高可达 1m 以上。苗木主干下部易生侧枝，要及时剪去，使其在一定的高度分枝。移栽要掌握在芽萌动时带土球进行，这样成活率高。

【园林应用】树姿优美，秋叶转红是良好的庭荫和行道树种。用于堤岸、溪边、湖畔和草坪周围作为点缀树种极有观赏价值。孤植、丛植或与常绿树种配置，秋日分外壮丽。在住宅绿化中可用于行道树，也可以用作住宅区内的河岸、溪边、湖畔和草坪周围作为点缀树种，极有观赏价值。

（a）重阳木的叶

（b）重阳木的树干 　　　　　　　　（c）重阳木的新叶

（d）重阳木与其他植物景观效果 　　　　（e）重阳木景观效果

（f）重阳木的景观效果

图 5-31　重阳木景观

32. 紫叶李

【科属】蔷薇科、李属

【形态特征】落叶小乔木，树皮紫灰色，小枝淡红褐色，整株树干光滑无毛。单叶互生，叶卵圆形或长圆状披针形，长 4.5~6cm，宽 2~4cm，先端短尖，基部楔形，缘具尖细锯齿，羽状脉 5~8 对，两面无毛或背面脉腋有毛，色暗绿或紫红，叶柄光滑多无腺体。花单生或 2 朵簇生，白色，雄蕊约 25 枚，略短于花瓣，花部无毛。核果扁球形，径 1~3cm，腹缝线上微见沟纹，无梗洼，熟时黄、红或紫色，光亮或微被白粉。花叶同放，花期 3~4 月，果常早落。

【生长习性】喜光也稍耐阴，抗寒，适应性强，以温暖湿润的气候环境和排水良好的砂质壤土最为有利。怕盐碱和涝洼。浅根性，萌蘖性强，栽植易成活。对有害气体有一定的抗性。

【栽植养护】紫叶李喜肥，除栽植时在坑底施入适量腐熟发酵的圈肥外，以后每年在浇封冻水前可施入一些农家肥，可使植株生长旺盛，叶片鲜亮。但需要说明的是，紫叶李虽然喜肥，但每年只需要在秋末施 1 次肥即可，而且要适量，如果施肥次数过多或施肥量过大，会使叶片颜色发暗而不鲜亮，降低观赏价值。

【园林应用】紫叶李以叶色闻名，整个生长期紫叶满树，尤以春、秋两季叶色更艳。可丛植、孤植或对植于草坪、广场、建筑物周围。在园林中若以常绿树作背景，则会收到绿树红叶相映成趣的效果。

（a）紫叶李的叶

（b）紫叶李局部景观　　　　　　　（c）紫叶李的花

（d）紫叶李的树干　　　　　　　（e）紫叶李路边点缀

（f）紫叶李列植景观

图 5-32　紫叶李景观

33. 紫叶稠李

【科属】蔷薇科、稠李属

【形态特征】高大落叶乔木，树高 20~30m。单叶互生，叶缘有锯齿，近叶片基部有 2 腺体。总状花序，花白色，核果。初生叶为绿色，叶表有光泽，叶背脉腋有白色簇毛，进入 5 月后随着温度升高，逐渐转为紫红绿色至紫红色，叶背脉腋白色簇毛变淡褐色，或消失，整个叶背有白粉，秋后变成红色，整个生长季节，叶子都为紫色或绿紫色，变色期长，成为变色树种。花序直立，后期下垂，总花梗上也有叶，小叶与枝叶近等大。花瓣较大，近圆形。花期 4~5 月。果球形，较大，径 1~1.2cm,成熟时紫红色或紫黑色，果皮光亮，涩，稍有甜味。果熟 7~8 月。

【生长习性】喜光，在半阴的生长环境下，叶子很少转为紫红色，在吉林等地栽种时可耐超过 −40℃的低温环境，没有冻害。根系发达，耐干旱，抗旱性强。但紫叶稠李还是喜欢温暖、湿润的气候环境，在湿润、肥沃疏松而排水良好的砂质壤土上生长健壮，4~5 年生的小树年生长量有达 1m 多高的，当年嫁接苗可长到 2m 多高。

【栽植养护】可以播种、嫁接和扦插繁殖。播种繁殖应采收紫叶稠李植株上的种子，但现没有纯正的紫叶稠李种子，现有种子播种后，只有50%~60% 为紫色叶的稠李，所以嫁接繁殖是目前繁殖紫叶稠李的最好方法。如采用稠李的种子进行播种，当年或第二年即可芽接或枝接，成活率可达 90% 以上。桃、杏、李、梅虽然也是李属的植物，但和稠李亲缘关系较远，亲和力差，不适宜用作稠李的砧木。

【园林应用】紫叶稠李作为一种有独特观赏价值的树木，无论是单独自然式散植，还是单独、规则、自然成片栽植或与其他植物在房前屋后、草坪、河畔、山石旁混植都能起到丰富景观层次、引导人们视野、分割景观空间及障景的作用。

（a）紫叶稠李的叶

（b）紫叶稠李的花　　　　　　　（c）紫叶稠李的果

（d）紫叶稠李群植景观　　　　　　（e）紫叶稠李路边点缀

（f）紫叶稠李植于路边起引导作用

图 5-33　紫叶稠李景观

34. 美国海棠

【科属】蔷薇科、苹果属

【形态特征】落叶小乔木，株高一般在 2.5~5m，树型上由开展型到紧凑型、垂枝型; 分枝多变, 互生直立悬垂等无弯曲枝。树干颜色为新干棕红色、黄绿色，老干灰棕色，有光泽，观赏性高。叶片长椭圆形或椭圆形，先端急尖或渐尖，基部楔形稀近圆形，边缘有尖锐锯齿，嫩叶被短柔毛，下面较密，老时脱落；托叶早落，叶脉网状。花序分伞状或着伞房花序的总状花序，多有香气。雄蕊约 20，花丝长短不等，比花瓣稍短；花柱 5，基部具绒毛，约与雄蕊等长。肉质梨果，果有绿色、紫红、桃红等，果实直径为 0.9~2.5cm，观果期长达 2~5 个月，果期 8~9 月。

【生长习性】美国海棠抗性强、耐瘠薄，耐寒性强，性喜阳光，耐干旱，忌渍水，在干燥地带生长良好，管理容易。

【栽植养护】美国海棠扦插时节应选在春季温度稍高时进行，而且温度稳定，不易出现冰冻天气，最好在十几度时进行。其次选择的土壤最好是没有种过树木，或者之前是作为农田使用的，之所以这样选取的原因是，避免土壤中的营养已经被利用，不利于美国海棠的生长，导致成活率低。同时要对土壤进行深翻，使土壤中空气通透良好，也要保证其水分匀称，覆以地膜保持地面温度。

【园林应用】美国海棠的观赏价值很高，花色、叶色、果色和枝条色彩丰富，加之其不同季节中花、叶、果、枝和多姿的形态所突显出来的景观使观赏期整年持续，在园林绿化中适于列植于道路两旁，亦可孤植、丛植于草坪上或点缀于岩石旁、湖水边。

（a）美国海棠的花

（b）美国海棠的果　　　　　　　（c）美国海棠的花和叶

（d）美国海棠与其他植物配置景观　　　　（e）美国海棠局部景观

（f）美国海棠群植景观

图 5-34　美国海棠景观

35. 黄栌

【科属】漆树科、黄栌属

【形态特征】落叶小乔木或灌木，树冠圆形，高可达 3~5m，木质部黄色，树汁有异味。单叶互生，叶片全缘或具齿，叶柄细，无托叶，叶倒卵形或卵圆形。圆锥花序疏松、顶生，花小、杂性，仅少数发育；不育花的花梗花后伸长，被羽状长柔毛，宿存；苞片披针形，早落；花萼 5 裂，宿存，裂片披针形；花瓣 5 枚，长卵圆形或卵状披针形，长度为花萼大小的 2 倍；雄蕊 5 枚，着生于环状花盘的下部，花药卵形，与花丝等长，花盘 5 裂，紫褐色；子房近球形，偏斜，1 室 1 胚珠。核果小，干燥，肾形扁平，绿色，侧面中部具残存花柱；外果皮薄，具脉纹，不开裂；内果皮角质；种子肾形，无胚乳。花期 5~6 月，果期 7~8 月。

【生长习性】黄栌性喜光，也耐半阴；耐寒，耐干旱瘠薄和碱性土壤，不耐水湿，宜植于土层深厚、肥沃而排水良好的砂质壤土中。生长快，根系发达，萌蘖性强。对二氧化硫有较强抗性。秋季当昼夜温差大于 10℃时，叶色变红。

【栽植养护】黄栌育苗一般以低床为主，为了便于采光，南北向作床，苗床宽 1.2m，长视地形条件而定，床面低于步道 10~15cm，播种时间以 3 月下旬至 4 月上旬为宜。播前 3~4 天用福尔马林或多菌灵进行土壤消毒，灌足底水。待水落干后按行距 33cm，拉线开沟，将种砂混合物稀疏撒播，每亩 (667m²) 用种量 6~7kg。下种后覆土 1.5~2cm，轻轻镇压、整平后覆盖地膜。

【园林应用】黄栌在园林造景中最适合城市大型公园、天然公园、半山坡上、山地风景区内群植成林，可以单纯成林，也可与其他红叶或黄叶树种混交成林；在造景宜表现群体景观。

（a）黄栌局部景观

（b）黄栌局部景观

（c）黄栌的叶

（d）黄栌景观配置　　　　　　　　　（e）黄栌景观配置

（f）黄栌与其他植物配置景观

图 5-35　黄栌景观

36. 俏黄栌

【科属】大戟科、大戟属

【形态特征】半常绿灌木或小乔木, 高达 5m; 小枝红色, 具乳汁。叶薄纸质, 叶长 11cm, 宽约 8.5cm, 宽椭圆形至近圆形, 先端钝尖, 基部宽圆形; 红色至紫红色; 叶柄长。顶生圆锥花序松散。圆锥花序顶生, 花小, 黄白色。花期 4~6 月。花序生于二歧分枝的顶端, 具长约 2cm 的柄; 总苞阔钟状, 高2.5~3mm, 直径约 4mm, 边缘 4~6 裂, 裂片三角形, 边缘具毛; 腺体 4~6 枚, 半圆形, 深绿色, 边缘具白色附属物, 附属物边缘分裂。雄花多数; 苞片丝状; 雌花柄伸出总苞外; 子房三棱状, 纵沟明显。蒴果三棱状卵形, 高约 5mm, 直径约 6mm, 光滑无毛。种子近球状, 直径约 3mm, 褐色, 腹面具暗色沟纹; 无种阜。

【生长习性】喜阳光充足、温暖、湿润的环境。要求土壤疏松、肥沃、排水良好。生长期充分浇水、施肥。适当修剪整形。冬季保持温暖, 适当控制浇水, 越冬温度 8℃以上。

【栽植养护】扦插、压条繁殖, 一般于春、夏季进行。

【园林应用】树形美观, 观赏性强, 适应性强, 叶形美观, 枝叶常年紫红色, 是极好的彩色叶树种; 适宜丛植于庭园作景观树。

（a）俏黄栌的叶

（b）俏黄栌的新叶 　　　　　　（c）俏黄栌的叶

（d）俏黄栌的花 　　　　　　（e）俏黄栌局部景观

（f）俏黄栌与其他植物配置景观

图 5-36 俏黄栌景观

37. 美国红叶黄栌

【科属】漆树科、黄栌属

【形态特征】 落叶灌木或小乔木，树冠圆形，叶片倒卵形，前端微凹。其萌芽力、萌蘖性强，根系发达，生长快。一般每一枝能萌发 5~6 个新枝，年生长量 100cm 左右。春季其叶片大部分为红色或紫红色；夏季逢雨季其上部新叶片为红色或紫红色，下部老叶为绿色；秋季叶片全部变为红色或紫红色。

【生长习性】美国红叶黄栌适应性强，对土壤要求不严格，耐干旱、瘠薄和碱性土壤， 在深厚、肥沃、排水良好的砂质土壤上生长最好。抗病虫能力强，生长季节基本没有病虫害；对二氧化硫有较强抗性。喜光，也耐半阴，耐寒。

【栽植养护】多以播种繁殖。6~7 月，果实成熟后，即可采种，经湿砂贮藏 40~60 天播种。幼苗抗寒力较差，入冬前需覆盖树叶和草秸防寒。也可在采种后砂藏越冬，翌年春季播种。

【园林应用】美国红叶黄栌适应性强，栽培简便，不需精心管理，可用于荒山绿化、厂矿净化和美化。它还可用于庭院绿化及室内盆栽，其叶片具有一种特殊的香味，能够清新室内空气；嫩枝还可入药，具有消炎、清湿热的功效。

（a）美国红叶黄栌的叶

（b）美国红叶黄栌的叶

（c）美国红叶黄栌局部景观

（d）美国红叶黄栌孤植景观

图 5-37　美国红叶黄栌景观

38. 野漆树

【科属】漆树科、漆树属

【形态特征】 落叶乔木或小乔木，高达 10m；小枝粗壮，无毛，顶芽大，紫褐色，外面近无毛。奇数羽状复叶互生，常集生小枝顶端，无毛，长 25~35cm，有小叶 4~7 对，叶轴和叶柄圆柱形；叶柄长 6~9 厘米；小叶对生或近对生，坚纸质至薄革质，长圆状椭圆形、阔披针形或卵状披针形，长 5~16cm，宽 2~5.5cm，先端渐尖或长渐尖，基部多少偏斜，圆形或阔楔形，全缘，两面无毛，叶背常具白粉，侧脉 15~22 对，弧形上升，两面略突；小叶柄长 2~5mm。圆锥花序长 7~15cm，为叶长之半，多分枝，无毛；花黄绿色，径约 2mm；花梗长约 2mm；花萼无毛，裂片阔卵形，先端钝，长约 1mm；花瓣长圆形，先端钝，长约 2mm，中部具不明显的羽状脉或近无脉，开花时外卷；雄蕊伸出，花丝线形，长约 2mm，花药卵形，长约 1mm；花盘 5 裂；子房球形，径约 0.8mm，无毛，花柱 1，短，柱头 3 裂，褐色。核果大，偏斜，径 7~10mm，压扁，先端偏离中心；外果皮薄，淡黄色，无毛；中果皮厚，蜡质，白色；果核坚硬，压扁。

【生长习性】性喜光，喜温暖，不耐寒，忌水湿。年均气温 14℃以上、1 月份月均气温 0℃以上的广大地区均可种植。适应性强，耐干旱瘠薄，对土壤要求不高，在贫瘠干旱的砂砾地上也能正常生长。

【栽植养护】芽苗和接苗移栽后，前期要注意适度遮阴。嫁接苗还应及时抹芽除萌和防止新梢风折。按"除早、除小、除尽"原则及时除草，按"前浅后深"松土 2~3 次，以促进苗木生长。同时，定期用低浓度杀菌剂、杀虫剂进行消毒杀虫，预防病虫害发生。当年生苗高一般可达 0.8m 以上，地径粗 1cm 以上，可分级出圃造林。产苗量芽接苗每亩可达 2 万株以上；嫁接苗可达 1.4 万株以上。

【园林应用】因野漆树易使人过敏，所以在周边绿化中的应用很少。多生长在山坡林中或群山上少有人途经的地方，主要在远处观赏。

（a）野漆树的叶

（b）野漆树新叶 （c）野漆树的彩叶

（d）野漆树局部景观 （e）野漆树植株

（f）野漆树与其他植物配置景观

图 5-38 野漆树景观

39. 连香树

【科属】连香树科、连香树属

【形态特征】落叶大乔木，高 10~20m，少数达 40m；树皮灰色或棕灰色；小枝无毛，短枝在长枝上对生；芽鳞片褐色。叶：生短枝上的近圆形、宽卵形或心形，生长枝上的椭圆形或三角形，长 4~7cm，宽 3.5~6cm，先端圆钝或急尖，基部心形或截形，边缘有圆钝锯齿，先端具腺体，两面无毛，下面灰绿色带粉霜，掌状脉 7 条直达边缘；叶柄长 1~2.5cm，无毛。雄花常 4 朵丛生，近无梗；苞片在花期红色，膜质，卵形；雌花丛生；花柱长 1~1.5cm，上端为柱头面。蓇葖果 2~4 个，荚果状，褐色或黑色，微弯曲，先端渐细，有宿存花柱；种子数个，扁平四角形，褐色，先端有透明翅。花期 4 月，果期 8 月。

【生长习性】冬寒夏凉，多数地区雨量多、湿度大。年平均气温 10~20℃，年降水量 500~2000mm，平均相对湿度 80%。土壤为棕壤和红黄壤，呈酸性，pH 值 5.4~6.1，有机质含量较丰富（高可达 8%~10%）。本种耐阴性较强，幼树须长在林下弱光处，成年树要求一定的光照条件。

【栽植养护】种子播下去后，要及时搭建遮阴篷和防雨篷。一般播种 20 天后，开始出苗，30 天左右开始长出真叶，当幼苗出土 60%~70% 时，选择在阴天或傍晚揭去稻草。这时一定要保持苗床湿润。因为连香树的种子细小，刚出土的幼苗叶子很小，肉眼很难看见，抵抗自然灾害的能力非常差，既怕高温日灼，又怕大雨打死，烈日下 1~2h 苗木就会全部晒死。

【园林应用】连香树树体高大，树姿优美，叶形奇特，为圆形，大小与银杏（白果）叶相似，因而得名山白果；叶色季相变化也很丰富，即春天为紫红色、夏天为翠绿色、秋天为金黄色、冬天为深红色，是典型的彩叶树种。

（a）连香树的叶

（b）连香树的叶

（c）连香树局部景观

（d）连香树冬季景观

（e）连香树植于路边起引导作用

（f）连香树与其他植物配置景观

图 5-39 连香树景观

40. 娜塔栎

【科属】壳斗科、栎属

【形态特征】落叶乔木主干直立，大枝平展略有下垂，塔状树冠；高达30m，径0.3~0.9m，冠幅12m。叶椭圆形，长10~20cm，宽5~13cm；顶部有硬齿，正面深绿色，背面暗绿色，有丛生毛；秋季叶亮红色或红棕色。树皮灰色或棕色、光滑。每年11月初开始变红，第二年2月落叶。

【生长习性】适应性强，极耐水湿，抗城市污染能力强，气候适应性强，耐寒、旱，喜排水良好的砂性、酸性或微碱性土。每年11月初开始变红，第二年2月落叶。原产于北美，在美国东南部有较大分布。

【栽植养护】喜光，稍耐寒，对土壤要求不严。

【园林应用】娜塔栎是优良的行道树种，冠大荫浓，主干通直，秋叶红艳，可作为庭院、公园等景点单植或丛栽，也可与其他绿叶树种搭配造景。

（a）娜塔栎的绿叶

（b）娜塔栎的彩叶 　　　　（c）娜塔栎局部景观

（d）娜塔栎局部景观 　　　　（e）娜塔栎列植景观

（f）娜塔栎植株

图 5-40 娜塔栎景观

二、彩叶花灌木植物

1. 紫叶小檗

【科属】小檗科、小檗属

【形态特征】落叶灌木。幼枝淡红带绿色，无毛，老枝暗红色具条棱。叶菱状卵形，先端钝，基部下延成短柄，全缘，表面黄绿色，背面带灰白色，具细乳突，两面均无毛。花2~5朵成具短总梗并近簇生的伞形花序，或无总梗而呈簇生状，花被黄色；小苞片带红色，急尖；外轮萼片卵形，先端近钝，内轮萼片稍大于外轮萼片；花瓣长圆状倒卵形，先端微缺，基部以上腺体靠近；花药先端截形。浆果红色，椭圆体形，稍具光泽，含种子1~2颗。

【生长习性】紫叶小檗喜凉爽湿润环境，适应性强，耐寒也耐旱，不耐水涝，喜阳也能耐阴，萌蘖性强，耐修剪，对各种土壤都能适应，在肥沃深厚、排水良好的土壤中生长更佳。但在光稍差或密度过大时部分叶片会返绿。

【栽植养护】紫叶小檗在北方易结实，故常用播种法繁殖。秋季种子采收后，洗尽果肉，阴干，然后选地势高燥处挖坑，将种子与砂按1∶3的比例放于坑内贮藏，第二年春季进行播种，这样经过砂藏的种子出苗率高，播种易成功，也可采收后进行秋播。紫叶小檗萌蘖性强，耐修剪，定植时可强行修剪，以促发新枝。入冬前或早春前疏剪过密枝或截短长枝，花后控制生长高度，使株形圆满。

【园林应用】园林中常用作行道树或与常绿树种作块面色彩布置，可用来布置花坛、花境，是园林绿化中色块组合的重要树种。在园林绿化中的应用十分广泛。

（a）紫叶小檗的叶

（b）紫叶小檗的新叶 （c）紫叶小檗的叶

（d）紫叶小檗修剪成球形路边点缀 （e）紫叶小檗构成几何图案

（f）紫叶小檗修剪成绿篱

图 5-41 紫叶小檗景观

2. 红花檵木

【科属】金缕梅科、檵木属

【形态特征】灌木，有时为小乔木，多分枝，小枝有星毛。叶革质，卵形，先端尖锐，基部钝，不等侧，上面略有粗毛或秃净，干后暗绿色，无光泽，下面被星毛，稍带灰白色，侧脉约5对，在上面明显，在下面突起，全缘；叶柄长2~5mm，有星毛；托叶膜质，三角状披针形，早落。花3~8朵簇生，有短花梗，白色，比新叶先开放，或与嫩叶同时开放，花序柄长约1cm，被毛；苞片线形，长3mm；萼筒杯状，被星毛，萼齿卵形，长约2mm，花后脱落；花瓣4片，带状，长1~2cm，先端圆或钝；雄蕊4个，花丝极短，药隔突出成角状；退化雄蕊4个，鳞片状，与雄蕊互生；子房完全下位，被星毛；花柱极短，长约1mm；胚珠1个，垂生于心皮内上角。

【生长习性】喜光，稍耐阴，但阴时叶色容易变绿。适应性强，耐旱。喜温暖，耐寒冷。萌芽力和发枝力强，耐修剪。耐瘠薄，但适宜在肥沃、湿润的微酸性土壤中生长。

【栽植养护】红檵木移栽前，施肥要选腐熟有机肥为主的基肥，结合撒施或穴施复合肥，注意充分拌匀，以免伤根。生长季节用中性叶面肥800~1000倍稀释液进行叶面追肥，每月喷2~3次，以促进新梢生长。南方梅雨季节，应注意保持排水良好；高温干旱季节，应保证早、晚各浇水1次，中午结合喷水降温。北方地区因土壤、空气干燥，必须及时浇水，保持土壤湿润，秋冬及早春注意喷水，保持叶面清洁、湿润。

【园林应用】红花檵木是特产于湖南的珍贵乡土彩叶观赏植物，生态适应性强，耐修剪，易造型，广泛用于色篱、模纹花坛、灌木球、彩叶小乔木、桩景造型、盆景等城市绿化美化。

（a）红花檵木的花

（b）红花檵木局部景观 （c）红花檵木修剪成球形路边点缀

（d）红花檵木景观造型 （e）红花檵木景观造型

（f）红花檵木草坪上模纹图案

图 5-42 红花檵木景观

3. 榆叶梅

【科属】蔷薇科、梅属

【形态特征】落叶灌木，高 3~5m，小枝细，无毛或幼时稍有柔毛。叶椭圆形至倒卵形。花期 4 月，果熟期 8 月。榆叶梅株高 2m 左右，枝细小光滑，红褐色，主干树皮剥裂。叶呈椭圆形，长 3~6cm，单叶互生，其基部呈广楔形，端部三裂，边缘有粗锯齿。花单生或两朵并生，花梗短，紧贴生在枝条上，花径 2~3.5cm，初开多为深红，渐渐变为粉红色，最后变为粉白色。花有单瓣、重瓣和半重瓣之分。

【生长习性】喜光，稍耐阴，耐寒，能在 −35℃ 下越冬。对土壤要求不严，以中性至微碱性而肥沃土壤为佳。根系发达，耐旱力强，不耐涝，抗病力强。生于低至中海拔的坡地或沟旁乔、灌木林下或林缘。

【栽植养护】生长过程中，要注意修剪枝条。可在花谢后对花枝进行适度短剪，每一健壮枝上留 3~5 个芽即可。入伏后，再进行一次修剪，并打顶摘心，使养分集中，促使花芽萌发。修剪后可施一次液肥。平时还要及时清除杂草，以利植株健康成长。对盆栽榆叶梅，也要及时进行修剪，控制植株徒长。

【园林应用】榆叶梅枝叶茂密，花繁色艳，是中国北方园林、街道、路边等重要的绿化观花灌木树种。其植物有较强的抗盐碱能力，适宜种植在公园的草地、路边或庭园中的角落、水池等地，与其他花色的植物搭配种植。在春秋季花盛开时候，花形、花色均极美观，各色花争相斗艳，景色宜人，是不可多得的园林绿化植物。

（a）榆叶梅的花

（b）榆叶梅开花时的景观　　　　　　（c）榆叶梅的叶

（d）榆叶梅局部景观

（e）榆叶梅与其他植物景观配置

图 5-43　榆叶梅景观

4. 美人梅

【科属】蔷薇科、李属

【形态特征】落叶小乔木或灌木，法国引进，由重瓣粉型梅花与红叶李杂交而成。落叶小乔木。叶片卵圆形，长 5~9cm，叶柄长 1~1.5cm，叶缘有细锯齿，叶被生有短柔毛。花色浅紫，重瓣花，先叶开放；萼筒宽钟状，萼片 5 枚，近圆形至扁圆；花瓣 15~17 枚，小瓣 5~6 枚，花梗 1.5cm，雄蕊多数。自然花期自 3 月第一朵花开以后，逐次自上而下陆续开放至 4 月中旬。花粉红色，繁密，先花后叶。花期春季。

【生长习性】美人梅抗寒性强。属阳性树种，在阳光充足的地方生长健壮，开花繁茂。抗旱性较强，喜空气湿度大，不耐水涝。对土壤要求不严，以微酸性的黏壤土为好。不耐空气污染，对氟化物、二氧化硫和汽车尾气等比较敏感。同时对乐果等农药反应也极为敏感。

【栽植养护】美人梅喜湿润环境，但怕积水。每年初春和初冬应浇返青水和封冻水，生长期若不是过于干旱不用浇水。夏季高温干旱少雨天气，适当浇水。大雨之后或连续阴雨天，应及时排除积水，以防水大烂根，导致植株死亡。值得一提的是：新移栽的苗子，可适当多浇水：种植后马上浇头水，3~4 天后浇二水，再隔 4~5 天浇三水，以后根据天气情况浇水。

【园林应用】观赏价值高、用途广，美人梅其亮红的叶色和紫红的枝条是其他梅花品种中少见的，可供一年四季观赏。其既可布置庭院、开辟专园、作梅园、梅溪等大片栽植，又可作盆栽，制作盆景供各大宾馆、饭店摆花，节日摆花，还可作切花等其他装饰用。

（a）美人梅的新叶

（b）美人梅的叶　　　　　　　　（c）美人梅开花时的景观

（d）美人梅列植景观　　　　　　　（e）美人梅植株

（f）美人梅列植景观

图 5-44　美人梅景观

5. 变叶木

【科属】大戟科、变叶木属

【形态特征】灌木或小乔木，高可达 2m。枝条无毛，有明显叶痕。叶薄革质，形状大小变异很大，线形、线状披针形、长圆形、椭圆形、披针形、卵形、匙形、提琴形至倒卵形，有时由长的中脉把叶片间断成上下两片；长 5~30cm，宽 (0.3~) 0.5~8cm，顶端短尖、渐尖至圆钝，基部楔形、短尖至钝，边全缘、浅裂至深裂，两面无毛，绿色、淡绿色、紫红色、紫红与黄色相间、黄色与绿色相间或有时在绿色叶片上散生黄色或金黄色斑点或斑纹；叶柄长 0.2~2.5cm。总状花序腋生，雌雄同株异序，白色，萼片 5 枚；花瓣 5 枚，远较萼片小。蒴果近球形，稍扁，无毛，直径约 9mm；种子长约 6mm。花期 9~10 月。

【生长习性】喜高温、湿润和阳光充足的环境，不耐寒。变叶木的生长适温为 20~30℃，3~10 月为 21~30℃，10 月至翌年 3 月为 13~18℃。冬季温度不低于 13℃。短期在 10℃，叶色不鲜艳，出现暗淡，缺乏光泽。温度在 4~5℃时，叶片受冻害，造成大量落叶，甚至全株冻死。

【栽植养护】培养土以腐叶土、园土、砂土各 1 份混合而成，供幼苗移栽和成苗换盆用。平时浇水以保持盆土湿润为度，夏季晴天要多浇水，每天还需向叶面喷水 2~3 次，增加空气温度，保持叶面清洁鲜艳。春、秋、冬三季变叶木均要充分见光，夏季酷日照射下需遮 50% 的阳光，以免曝晒。

【园林应用】变叶木枝叶密生，是著名的观叶树种，华南可用于园林造景。适于路旁、墙隅、石间丛植，也可植为绿篱或基础种植材料。北方常见盆栽，用于点缀案头、布置会场、厅堂。华南地区多用于公园、绿地和庭园美化，其枝叶是插花理想的配叶材料。

（a）变叶木的叶

（b）变叶木的树干　　　　　　　（c）变叶木的树干

（d）变叶木局部景观　　　　　　　（e）变叶木局部景观

（f）变叶木植株

图 5-45 变叶木景观

6. 黄金榕

【科属】桑科、榕属

【形态特征】常绿小乔木，树冠广阔，树干多分枝。单叶互生，叶形为椭圆形或倒卵形，叶表光滑，叶缘整齐，叶有光泽，嫩叶呈金黄色，老叶则为深绿色。球形的隐头花序，其中有雄花及雌花聚生。桑科的果实中，常有寄生蜂寄生其中。

【生长习性】喜半阴、温暖而湿润的气候。较耐寒，可耐短期的0℃低温，温度在25~30℃时生长较快，空气相对湿度在80%以上时易生出气根。喜光，但应避免强光直射。性喜高温、潮湿且日照充足的地方。耐风，耐潮，对空气污染抗害力强。不择土壤，只要土质肥沃、日照充足之地均可栽植。

【栽植养护】扦插繁殖，可用种子育苗。扦插于春季气温回升后进行，较易成活，老枝或嫩枝，均可作插穗，可截成20cm左右长一段，也可截成1m左右长一段，直接插入圃地。保持湿润，约1个月可发根，留圃培育2~4年，即可出圃。如露地栽植，也可用长2m左右、直径6cm左右的粗干，剪去枝叶，顶端裹泥，不经育苗，直接插干栽植。

【园林应用】枝叶茂密，树冠扩展，是华南地区的行道树及庭荫树的良好树种，可成为草坪绿化主景，也可种植于高速公路分车带绿地，耐修剪，可以塑成各种造型的颜色景观。还可以与其他观叶草本混植，如与绿苋草等形成动人的色彩对比。具有清洁空气、绿荫、风景等方面的作用。

（a）黄金榕的叶

（b）黄金榕的树干 （c）黄金榕的片植形成色块

（d）黄金榕修剪成绿篱 （e）黄金榕点缀水边

（f）黄金榕修剪成球形路边点缀

图5-46 黄金榕景观

7. 火炬树

【科属】漆树科、盐肤木属

【形态特征】落叶小乔木。高达 12m。柄下芽。小枝密生灰色茸毛。奇数羽状复叶，小叶 19~23（11~31）枚，长椭圆状至披针形，长 5~13cm，缘有锯齿；先端长渐尖，基部圆形或宽楔形，上面深绿色，下面苍白色；两面有茸毛，老时脱落，叶轴无翅。圆锥花序顶生、密生茸毛，花淡绿色，雌花花柱有红色刺毛。核果深红色，密生绒毛，花柱宿存、密集成火炬形。花期 6~7 月，果期 8~9 月。

【生长习性】喜光。耐寒，对土壤适应性强，耐干旱瘠薄，耐水湿，耐盐碱。根系发达，萌蘖性强，四年内可萌发 30~50 萌蘖株。浅根性，生长快，寿命短。

【栽植养护】二年生以上的火炬树周围，常萌发许多根蘖苗，可按行距选留，注意修除根蘖及过多的侧枝，培育成树形良好的壮苗。当年苗高可达 1.5~2m。繁殖后第二年 3 月中旬即可移栽。定植株行距 50cm×40cm，做好浇水、松土、除草工作，5~6 月间各追肥一次，7 月底前停止水肥。火炬树一般不发生病害。播种苗及根插苗 3 年、根蘖苗 2 年胸径可达 3~5cm，可供造林。

【园林应用】 火炬树在园林造景中最适合城市大型公园、天然公园、半山坡上、山地风景区内群植成林，可以单纯成林，也可与其他红叶或黄叶树种混交成林；造景宜表现群体景观。

（a）火炬树的叶

（b）火炬树的花　　　　　　　　　（c）火炬树与其他植物配置景观

（d）火炬树丰富树丛的层次和色彩　　　　　　（e）火炬树路边列植

（f）火炬树与其他植物配置景观

图 5-47　火炬树景观

8. 紫叶矮樱

【科属】蔷薇科、李属

【形态特征】落叶灌木或小乔木，高达 2.5m 左右，冠幅 1.5~2.8m。枝条幼时紫褐色，通常无毛，老枝有皮孔，分布整个枝条。叶长卵形或卵状长椭圆形，长 4~8cm，先端渐尖，叶基部广楔形，叶缘有不整齐的细钝齿，叶面红色或紫色，背面色彩更红，新叶顶端鲜紫红色，当年生枝条木质部红色。花单生，中等偏小，淡粉红色，花瓣 5 片，微香，雄蕊多数，单雌蕊。花期 4~5 月。

【生长习性】紫叶矮樱是喜光树种，但也耐寒、耐阴。在光照不足处种植，其叶色会泛绿，因此应将其种植于光照充足处。对土壤要求不严格，但在肥沃深厚、排水良好的中性或者微酸性砂壤土中生长最好，轻黏土亦可。喜湿润环境，忌涝，应种植于高燥之处。宜保持土壤湿润而不积水为好。

【栽植养护】紫叶矮樱耐旱，每年早春和秋末可浇足浇透返青水和封冻水，平时若不是特别干旱，基本可以靠天生长。春秋风大干旱，新植苗木展叶后，每天上、下午各进行 1 次叶面喷雾，补充水分，减轻根系的压力，提高苗木的成活率。在夏季雨天，还应及时将树坑内的积水排除，以防日出后水温升高，烫伤根系。

【园林应用】在园林绿化中，紫叶矮樱因其枝条萌发力强、叶色亮丽，加之从出芽到落叶均为紫红色，因此既可作为城市彩篱或色块整体栽植，也可单独栽植，是绿化美化城市的最佳树种之一。紫叶矮樱在整个生长季节内其叶片呈紫红色，亮丽别致，树形紧凑，叶片稠密，整株色感表现好。在盆栽应用方面，可制成中型和微型盆景。

（a）紫叶矮樱的叶

（b）紫叶矮樱的树干和花　　　　　（c）紫叶矮樱局部景观

（d）紫叶矮樱路边点缀　　　　　　（e）紫叶矮樱局部景观

（f）紫叶矮樱路边列植

图 5-48　紫叶矮樱景观

9. 金叶女贞

【科属】木樨科、女贞属

【形态特征】落叶灌木，是金边卵叶女贞和欧洲女贞的杂交种。叶片较大叶女贞稍小，单叶对生，椭圆形或卵状椭圆形，长 2~5cm。总状花序，小花白色。核果阔椭圆形，紫黑色。金叶女贞叶色金黄，尤其在春秋两季色泽更加璀璨亮丽。金叶女贞高 1~2m，冠幅 1.5~2m。

【生长习性】适应性强，对土壤要求不严格，在我国长江以南及黄河流域等地的气候条件均能适应，生长良好。性喜光，稍耐阴，耐寒能力较强，不耐高温高湿，在京津地区，小气候好的楼前避风处，冬季可以保持不落叶。抗病力强，很少有病虫危害。

【栽植养护】容易培育，管理粗放。金叶女贞一般采用扦插繁殖，采用两年生金叶女贞新梢，最好用木质化部分剪成 15cm 左右的插条，将下部叶片全部去掉，上部留 2~3 片叶即可，上剪口距上芽 1cm 平剪，下剪口在芽背面斜剪成马蹄形。扦插基质用粗砂土，0.5% 高锰酸钾液消毒 1 天后用来扦插，扦插前先用比插穗稍粗的木棍打孔，插后稍按实，扦插密度以叶片互不接触，分布均匀为宜。

【园林应用】金叶女贞在生长季节叶色呈鲜丽的金黄色，可与红叶的紫叶小檗、红花檵木，绿叶的龙柏、黄杨等组成灌木状色块，形成强烈的色彩对比，具极佳的观赏效果，也可修剪成球形。由于其叶色为金黄色，所以大量应用在园林绿化中，主要用来组成图案和建造绿篱。

（a）金叶女贞的叶

（b）金叶女贞的花　　　　　　　　　　（c）金叶女贞的花

（d）金叶女贞的新叶　　　　　　　（e）金叶女贞片植形成色块

（f）金叶女贞修剪成绿篱

图 5-49 金叶女贞景观

10. 平枝栒子

【科属】蔷薇科、栒子属

【形态特征】属落叶或半常绿匍匐灌木，高不超过 0.5m，枝水平开张成整齐两列状；小枝圆柱形，幼时外被糙伏毛，老时脱落，黑褐色。叶片近圆形或宽椭圆形，先端多数急尖，基部楔形，全缘，上面无毛，下面有稀疏平贴柔毛；叶柄被柔毛；托叶钻形，早落。花 1~2 朵，近无梗；萼筒钟状，外面有稀疏短柔毛，内面无毛；萼片三角形，先端急尖，外面微具短柔毛，内面边缘有柔毛；花瓣直立，倒卵形，先端圆钝，粉红色；雄蕊约 12 枚，短于花瓣；花柱常为3 根，有时为 2 根，离生，短于雄蕊；子房顶端有柔毛。果实近球形，鲜红色，常具 3 小核，稀 2 小核。花期 5~6 月，果期 9~10 月。

【生长习性】喜温暖湿润的半阴环境，耐干燥和瘠薄的土地，不耐湿热，有一定的耐寒性，怕积水。由于平枝栒子原产于亚热带地区，因此对冬季温度的要求很严，当环境温度在 8℃以下停止生长。

【栽植养护】平枝栒子的繁殖常用扦插和种子繁殖。春夏都能扦插，夏季嫩枝扦插成活率高。选取当年生半木质化、生长健壮、无病虫害、腋芽饱满的带叶嫩枝，剪成 10~15cm 的插穗。剪插穗时，下剪口在叶或腋芽下端 0.5~1cm处，上剪口在叶或腋芽上端 0.5~1cm 处，也可保留顶芽，每根插穗上部保留2~3 片叶子，上剪口平面形，下剪口马耳形，剪口平滑不裂口，不撕皮。

【园林应用】平枝栒子枝叶横展，叶小而稠密，花密集枝头，晚秋时叶色红色，红果累累，是布置岩石园、庭院、绿地和墙沿、角隅的优良材料。也可作基础种植或制作盆景。

（a）平枝栒子的叶

（b）平枝栒子局部景观　　　　　　（c）平枝栒子的新叶

（d）平枝栒子的果　　　　　　　　（e）平枝栒子路边点缀

（f）平枝栒子群植景观

图 5-50 平枝栒子景观

11. 红叶紫荆

【科属】豆科、紫荆属

【形态特征】树高 6~9m，冠幅 8~11m。叶片棕色到紫红色，秋天变为黄色，叶片心形，阔卵，基部楔形。梨花形状的玫红色花，雌雄同株，初春先叶开花，花冠扁平，圆形，红紫色，丛生或呈总状花序，花簇繁茂夺目，开花期 3~5 月。

【生长习性】适应性很强，喜阳光充足的环境，耐暑热，也耐寒、耐干旱，但怕积水，对土壤要求不严，能在瘠薄的土壤中生长，但在疏松肥沃、排水良好的砂质土壤中生长更好。适宜种植在高燥、阳光充足之处，低洼积水处、过于荫蔽处则不宜种植。能耐 −28℃低温。

【栽植养护】紫荆嫁接最佳期在 3 月中旬至 4 月上旬。嫁接方法采用切接法为佳，切接砧木直径为 0.5cm 左右，剪砧高度离地面 5~8cm 为好，便于操作和绑扎。接穗选用芽体饱满、有萌动能力的好芽；接穗采用单芽或双芽，看芽的间距而定，芽距长用一芽，芽距短用两芽。用切接刀在砧木剪口平茬面上 1/3 或 2/3 处纵劈一刀，深度看接穗粗细而定，一般掌握在 2~2.5cm 深的切口，切口一般为东西方向，接后的接穗芽朝南北方向有利于生长。

【园林应用】采用孤植、对植、嵌植能突出红叶紫荆的单体美。采用丛植、群植能形成集团花簇，暄染主体色彩。花谢后红叶紫荆特有的具有光泽的叶片伴随整个生长期，与绿化背景相映衬，能构成美丽的景色。

（a）红叶紫荆的叶

（b）红叶紫荆的叶   （c）红叶紫荆的花

（d）红叶紫荆局部景观   （e）红叶紫荆植株

（f）红叶紫荆群植景观

图 5-51 红叶紫荆景观

12. 洒金桃叶珊瑚

【科属】山茱萸科、桃叶珊瑚属

【形态特征】常绿灌木，高 1.2m。枝和叶均对生。叶片厚纸质至革质，卵状椭圆形、椭圆状披针形或倒卵状椭圆形，稀广卵圆形，长 6~12cm，宽 3~5cm，先端尾状渐尖，基部近圆形或阔契形，边缘 1/3 以上疏生粗锯齿，上面绿色，有大小不等的黄色或淡黄色斑点，下面中脉疏生柔毛或无毛，干后黑褐色；叶柄粗壮，长 0.8~2（~4）cm。圆锥花序顶生，雄花序长 5~10cm，雌花序短于雄花序；花瓣紫红色或暗紫色，卵形或椭圆状披针形，先端具 0.5mm 长的短尖，雄花的雄蕊长 1.25mm；花下具小苞片 1 枚；雌花子房被短柔毛，柱头歪斜，花下具小苞片 2 枚。果卵圆形，幼时绿色，熟时红色。花期 3~4 月，果期 11 月至次年 4 月。

【生长习性】极耐阴，夏日阳光曝晒时会引起灼伤而焦叶。喜湿润，土壤要求肥沃、疏松和排水良好的微酸性壤土为好。不甚耐寒。对烟尘和大气污染的抗性强，尤其对烟尘和大气污染的抗性。

【栽植养护】洒金桃叶珊瑚栽培容易，管理粗放。每年春季修剪后换盆，盆土采用培养土和腐叶土混合而成，在盆底加入少许枯饼或厩肥作基肥。换盆时注意剪除烂根、部分老根及过长的根，促发新根。盛夏高温季节要适当遮阴，防止强光直射灼伤叶片；还要保持盆土湿润，并增加空气湿度。

【园林应用】洒金桃叶珊瑚是十分优良的耐阴树种，特别是它的叶片黄绿相映，十分美丽，宜栽植于园林的庇荫处或树林下。在华北多见盆栽供室内布置厅堂、会场用。

（a）洒金桃叶珊瑚的叶

（b）洒金桃叶珊瑚的树干　　　　　　（c）洒金桃叶珊瑚的果

（d）洒金桃叶珊瑚路边装饰　　　　（e）洒金桃叶珊瑚与其他植物配置景观

（f）洒金桃叶珊瑚修剪成球形装饰草坪

图 5-52　洒金桃叶珊瑚景观

13. 石楠

【科属】蔷薇科、石楠属

【形态特征】常绿灌木或中型乔木，高 3~6m，有时可达 12m；枝褐灰色，全体无毛；冬芽卵形，鳞片褐色，无毛。叶片革质，长椭圆形、长倒卵形或倒卵状椭圆形，边缘有疏生具腺细锯齿，近基部全缘，上面光亮，幼时中脉有绒毛，成熟后两面皆无毛，中脉显著，侧脉 25~30 对；叶柄粗壮。花期 6~7 月，复伞房花序顶生；总花梗和花梗无毛，花梗长 3~5mm；花密生；萼筒杯状，无毛，萼片阔三角形，先端急尖，无毛；花瓣白色，近圆形。果 10~11 月成熟，果实球形，红色，后成褐紫色，有 1 粒种子；种子卵形棕色，平滑。

【生长习性】喜光稍耐阴，深根性，对土壤要求不严，但以肥沃、湿润、土层深厚、排水良好、微酸性的砂质土壤最为适宜，能耐短期 −15℃ 的低温，喜温暖、湿润气候。萌芽力强，耐修剪，对烟尘和有毒气体有一定的抗性。

【栽植养护】选择排水良好、地下水位低、交通方便和水源充足的地块做扦插。扦插后 1 周，将基质含水量控制在 60%~70%，空气相对湿度以 95% 为宜。扦插 15 天以后，多数插条开始生根，应将基质含水量控制在 40% 左右，逐步揭膜通风，有 50% 以上插条萌发出新叶时可除去薄膜。在插条全部生根展叶后，喷施水溶性化肥（0.2% 尿素）促进生长。

【园林应用】石楠根据园林绿化布局需要，可修剪成球形或圆锥形等不同的造型。在园林中孤植或基础栽植均可，丛栽使其形成低矮的灌木丛，可与金叶女贞、红叶小檗、扶芳藤、俏黄芦等组成美丽的图案，获得赏心悦目的效果。

（a）石楠的新叶

（b）石楠的树干　　　　　　　　（c）石楠的叶

（d）石楠局部景观　　　　　　　（e）石楠做色块布置

（f）石楠修剪成绿篱

图 5-53　石楠景观

14. 金叶假连翘

【科属】马鞭草科、假连翘属

【形态特征】灌木，高1.5~3m；枝条有皮刺，幼枝有柔毛。叶对生，少有轮生，叶片卵状椭圆形或卵状披针形，纸质，顶端短尖或钝，基部楔形，全缘或中部以上有锯齿，有柔毛；叶柄长约1cm，有柔毛。总状花序顶生或腋生，常排成圆锥状；花萼管状，有毛，5裂，有5棱；花冠通常蓝紫色，长约8mm，稍不整齐，5裂，裂片平展，内外有微毛；花柱短于花冠管；子房无毛。核果球形，无毛，有光泽，熟时红黄色，有增大宿存花萼包围。花果期5~10月，在南方可为全年。

【生长习性】温暖湿润气候，抗寒力较低，遇5~6℃长期低温或短期霜冻，植株受寒害。性喜高温，耐旱，喜光，亦耐半阴。对土壤的适应性较强，砂质土、黏重土、酸性土或钙质土均宜。较喜肥，贫瘠地生长不良。耐水湿，不耐干旱。

【栽植养护】繁殖多用扦插或播种方式。生长期水分要充足，每半月左右追施一次液肥。注意保持水分，花后应进行修剪，以促进发枝并再次开花。在北方，冬季应在不能低于5℃的温室内过冬。生育适温22~30℃。盆栽或地植均宜施足基肥，以后每年生长旺盛期，施复合肥1~2次。萌生性强，可根据观赏要求，对枝条进行盘曲，或于每年春季，进行强度修剪，以利当年萌发新枝，避免冠形松散蓬乱。也可将老茎截断，培育桩景。

【园林应用】在南方可修剪成形，丛植于草坪或与其他树种搭配，也可做绿篱，还可与其他彩色植物组成模纹花坛。北方可以盆栽观赏，适宜布置会场等地。

（a）金叶假连翘的叶

（b）金叶假连翘的叶　　　　　　（c）金叶假连翘局部景观

（d）金叶假连翘的花　　　　　　（e）金叶假连翘局部景观

（f）金叶假连翘修剪成绿篱

图 5-54 金叶假连翘景观

15. 花叶假连翘

【科属】马鞭草科、假连翘属

【形态特征】常绿灌木或小乔木。株高 1~3m，枝下垂或平展，茎四方，绿色至灰褐色。叶对生，卵状椭圆形或倒卵形，长 2~6cm，中部以上有粗刺，纸质，绿色。总状花序排列成松散圆锥状，顶生；花小且通常着生在中轴的一侧，高脚碟状；花冠蓝紫色或白色；花期 5~10 月。核果肉质，卵形，金黄色，成串包在萼片内，有光泽。叶对生，有黄色或白色斑，具短柄，叶片卵状椭圆形或倒卵形，有彩色斑纹，具锯齿。花冠淡紫色，总状花序顶生或腋生；果实熟时橘黄色。

【生长习性】性喜高温，耐旱。全日照，喜好强光，能耐半阴。生长快，耐修剪。温暖湿润气候，抗寒力较低，遇 5~6℃长期低温或短期霜冻，植株受寒害。华南北部以至华中、华北的广大地区，均只宜盆栽，温室或室内防寒越冬，室温不低于8℃。对土壤的适应性较强，砂质土、黏重土、酸性土或钙质土均宜。较喜肥，贫瘠地生长不良。耐水湿，不耐干旱。

【栽植养护】花叶假连翘的繁殖可用扦插或高压法，春至夏季为适期。春季剪顶芽插于砂床，容易发根。栽培土质用肥沃的壤土或砂质壤土，排水需良好，日照需充足。春至夏季每月追肥 1 次，各种有机肥料或氮、磷、钾均理想。生育适温为 23~30℃。生长期水分要充足，每半月左右追施一次液肥。注意保持水分，花后应进行修剪，以促进发枝并再次开花。在北方，冬季应在不能低于 5℃的温室内过冬。生育适温 22~30℃。

【园林应用】 在南方可修剪成形，丛植于草坪或与其他树种搭配，也可做绿篱，还可与其他彩色植物组成模纹花坛。北方可以盆栽观赏，适宜布置会场等地。

（a）花叶假连翘的叶

（b）花叶假连翘的枝干

（c）花叶假连翘的花

（d）花叶假连翘的花

（e）花叶假连翘局部景观

（f）花叶假连翘修剪成绿篱

图 5-55 花叶假连翘景观

16. 黄心梅

【科属】马鞭草科、假连翘属

【形态特征】 直立常绿矮小灌木，枝、叶、花均较小，叶色淡黄绿色，枝条有皮刺；单叶对生，坚纸质，卵状椭圆形或卵状披针形，全缘或在中部以上有锯齿，被柔毛；总状花序顶生或腋生，常再排成圆锥花序；花冠蓝紫色，顶端 5 裂；核果球形，成熟时红黄色。

【生长习性】性喜高温，耐旱。全日照，喜好强光，能耐半阴。生长快，耐修剪。温暖湿润气候， 抗寒力较低，遇 5~6℃长期低温或短期霜冻，植株受寒害。

（a）黄心梅的新叶

（b）黄心梅的叶　　　　　　　　（c）黄心梅的树干

（d）黄心梅植株　　　　　　（e）黄心梅与其他植物配置景观

（f）黄心梅列植景观

图 5-56　黄心梅景观

17. 红桑

【科属】大戟科、铁苋菜属

【形态特征】灌木，高 1~4m；嫩枝被短毛。叶纸质，阔卵形，古铜绿色或浅红色，常有不规则的红色或紫色斑块，顶端渐尖，基部圆钝，边缘具粗圆锯齿，下面沿叶脉具疏毛；基出脉 3~5 条；叶柄长 2~3cm，具疏毛；托叶狭三角形，具短毛。雌雄同株，通常雌雄花异序，雄花序长 10~20cm，各部均被微柔毛，苞片卵形，苞腋具雄花 9~17 朵，排成团伞花序；雄蕊 8 枚；花梗长约 1mm；雌花：萼片 3~4 枚，长卵形或三角状卵形，具缘毛；子房密生毛，花柱 3 根，撕裂 9~15 条。花期几乎全年。蒴果疏生具基的长毛；种子球形。

【生长习性】喜高温多湿，抗寒力低，不耐霜冻。当气温 10℃以下时，叶片即有轻度寒害，遇长期 6~8℃低温，植株严重受害。喜光，不耐荫蔽，不宜长期在室内栽培。对土壤水肥条件的要求较高，要求疏松、排水良好的土壤，枝密叶大，冠形饱满；干旱贫瘠土生长不良。盆栽宜用塘泥或森林土，宜经常保持湿润。

【栽植养护】中国大部分地区的热量偏低，花后难以结成种子，多用扦插法育苗。于 3 月下旬至 4 月下旬，选用 1 年生的健壮枝条，截成每 10cm 左右长一段作插穗，剪后浸水 1~2h，密插入湿砂床上。不加遮阴，保持湿润，约 20d 可发根发叶，1 个半月左右，可移植至圃地培育。苗高 10cm 左右时，摘除顶芽，促使早日萌发成丛冠形，入冬盖薄膜，翌年春可出圃上盆或露地栽植，也可秋季上盆或植入大容器内，置温棚内越冬。

【园林应用】红桑是热带庭园绿化的优良树种。在南方地区常作庭院、公园中的绿篱和观叶灌木，可配置在灌木丛中点缀色彩；长江流域以盆栽作室内观赏。

（a）红桑的叶

（b）红桑的花　　　　　　　　　　（c）红桑的新叶

（d）红桑片植形成色块　　　　　　　（e）红桑局部景观

（f）红桑路边点缀

图 5-57　红桑景观

18. 红背桂

【科属】大戟科、海漆属

【形态特征】常绿灌木，高达 1m；枝无毛，具多数皮孔。叶对生，稀兼有互生或近 3 片轮生，纸质，叶片狭椭圆形或长圆形，顶端长渐尖，基部渐狭，边缘有疏细齿，两面均无毛，腹面绿色，背面紫红或血红色；中脉于两面均凸起，侧脉 8~12 对，弧曲上升，离缘弯拱连接，网脉不明显；托叶卵形，顶端尖。花单性，雌雄异株，聚集成腋生或稀兼有顶生的总状花序，雌花序由 3~5 朵花组成，略短于雄花序。雌花：花梗粗壮，苞片和小苞片与雄花的相同；萼片 3，基部稍连合，卵形；子房球形，无毛，花柱 3，分离或基部多少合生。蒴果球形，基部截平，顶端凹陷；种子近球形。花期几乎全年。

【生长习性】喜温暖，亦稍耐寒，生长适温 15~25℃，冬季温度不低于 5℃。喜半阴，喜散射光，而忌强光直射，夏季放在庇荫处，可保持叶色浓绿。要求肥沃、排水好的砂壤土。

【栽植养护】红背桂是亚热带植物，宜放在大树下或北墙下，如被强光直射，叶易焦枯，失去观赏价值。同时应注意无论任何季节，也无论室内外，如过阴则生长不良。冬季应移入室内，置于能接受直射光的窗口前，保持室温在 0℃以上，可安全越冬。

【园林应用】红背桂枝叶飘飘，清新秀丽，盆栽常点缀室内厅堂、居室，但不适宜长期摆放室内（有致癌的可能性）。南方用于庭园、公园、居住小区绿化，茂密的株丛，鲜艳的叶色，与建筑物或树丛构成自然、闲趣的景观。

（a）红背桂的叶

（b）红背桂的叶背　　　　　　（c）红背桂的果

（d）红背桂的花　　　　　　（e）红背桂局部景观

（f）红背桂草坪上模纹图案

图 5-58 红背桂景观

19. 黄金宝树

【科属】桃金娘科、红千层属

【形态特征】干形优美，叶黄枝红。树高可达 6 ～ 8m，嫩枝红色，枝条密集且细长柔软，层层向上扩展。叶片金黄色或鹅黄色，密集分布于锥形树冠，可产生强烈的视觉冲击。花乳白色，顶生头状花序或短穗状花序，于夏末盛开。

【生长习性】黄金宝树适应的气候带相对较广，适应范围 −4~42℃，种植适宜范围从海南到长江流域以南，甚至更北的地区。可耐 −10~7℃的低温。可适应酸性，石灰岩土质，盐碱等土壤类型，适宜水边生长。抗盐碱，抗强风，生长速度快，特别适合沿海地区绿化。

【栽植养护】黄金宝树主要以扦插、高压、水培等方法栽植。基质采用泥炭土、草菇泥、河沙、红泥、塘泥等均可，种植小苗用 8 份的泥炭土、2 份的河沙或 8 份已发酵的草菇泥、2 份河沙的比例种植，长势较好。中苗长势良好，用 7 份的泥炭土或已发酵的草菇泥、三份红泥、塘泥种植均可。管理过程中土壤保持湿润，小苗要采取薄肥勤施，一般用 1000 倍的尿素水淋施，每半个月 1 次，中苗用花生麸、挪威复合肥混合使用，每月 1 次。

【园林应用】黄金宝树观赏价值高，常年叶色金黄，树形优美、主干直立，通常还可修剪成球形、伞形、树篱、金字塔形等各式各样的形状，在园林和生态景观林带建设上应用广泛，可用于庭园景观、道路、小区绿化以及景观造林与生态防护林的营建。也可作为行道树、分离岛景观、住宅区情景景观等。

（a）黄金宝树的叶

（b）黄金宝树的树干

（c）黄金宝树与其他植物配置景观

（d）黄金宝树局部景观

（e）黄金宝树植株

（f）黄金宝树路边列植

图 5-59　黄金宝树景观

20. 南天竹

【科属】小檗科、南天竹属

【形态特征】常绿小灌木。茎常丛生而少分枝，高 1~3m，光滑无毛，幼枝常为红色，老后呈灰色。叶互生，集生于茎的上部，三回羽状复叶；二至三回羽片对生；小叶薄革质，椭圆形或椭圆状披针形，顶端渐尖，基部楔形，全缘，上面深绿色，冬季变红色，背面叶脉隆起，两面无毛；近无柄。圆锥花序直立；花小，白色，具芳香；萼片多轮，外轮萼片卵状三角形，向内各轮渐大，最内轮萼片卵状长圆形；花瓣长圆形，先端圆钝；雄蕊 6，花丝短，花药纵裂，药隔延伸；子房 1 室，具 1~3 枚胚珠。果柄长 4~8mm；浆果球形，熟时鲜红色，稀橙红色。种子扁圆形。花期 3~6 月，果期 5~11 月。

【生长习性】南天竹性喜温暖及湿润的环境，比较耐阴，也耐寒。容易养护。栽培土要求肥沃、排水良好的砂质壤土。对水分要求不甚严格，既能耐湿也能耐旱。比较喜肥，可多施磷、钾肥。生长期每月施 1~2 次液肥。

【栽植养护】繁殖以播种、分株为主，也可扦插。可于果实成熟时随采随播，也可春播。分株宜在春季萌芽前或秋季进行。扦插以新芽萌动前或夏季新梢停止生长时进行。室内养护要加强通风透光，防止介壳虫发生。春秋两季将丛状植株掘出，抖去宿土，从根基结合薄弱处剪断，每丛带茎干 2~3 个，需带一部分根系，同时剪去一些较大的羽状复叶，地栽或上盆，培养一两年后即可开花结果。

【园林应用】茎干丛生，汁叶扶疏，秋冬叶色变红，有红果，经久不落，是赏叶观果的佳品。对生存环境要求不严，树势优美，在公园、机关、街心花园及居民小区中孤植、对植、丛植，可独成一景。

（a）南天竹的绿叶

（b）南天竹的彩叶　　　　　　　　（c）南天竹的果

（d）南天竹的花　　　　　　　　（e）南天竹局部景观

（f）南天竹植株

图 5-60　南天竹景观

21. 花叶鹅掌柴

【科属】五加科、鹅掌柴属

【形态特征】乔木或灌木，高 2~15m，胸径可达 30cm 以上；小枝粗壮，干时有皱纹，幼时密生星状短柔毛，不久毛渐脱稀。叶有小叶 6~9 枚；叶柄疏生星状短柔毛或无毛；小叶片纸质至革质，长圆状椭圆形或倒卵状椭圆形，幼时密生星状短柔毛，后毛渐脱落，边缘全缘，但在幼树时常有锯齿或羽状分裂，侧脉 7~10 对，下面微隆起，网脉不明显；小叶柄中央的较长，两侧的较短，疏生星状短柔毛至无毛。圆锥花序顶生，主轴和分枝幼时密生星状短柔毛，后毛渐脱稀；花瓣 5~6，开花时反曲，无毛；花柱合生成粗短的柱状；花盘平坦。果实球形，黑色，有不明显的棱；宿存花柱很粗短，柱头头状。花期 11~12 月，果期 12 月。

【生长习性】性喜暖热湿润气候，生长快。生长适温 20~30℃，冬季应不低于 5℃。鹅掌柴喜湿怕干。在空气湿度大、土壤水分充足的情况下，茎叶生长茂盛。鹅掌柴对临时干旱和干燥空气有一定适应能力。在全日照、半日照或半阴环境下均能生长。土壤以肥沃、疏松和排水良好的砂质壤土为宜。

【栽植养护】花叶鹅掌柴常用扦插、压条和播种繁殖。从生长几年的母株上，剪下一年生枝条 6~8cm，或结合换盆、春季重剪，剪下的枝条作为扦插材料。扦插在事先用水泡过的珍珠岩为基质的塑料花盆里。每盆插 3 株或单株，扦插后约一个半月便可生根，插后要经常灌水保持湿润。插后放在室内弱光处，加强肥水管理，生根后要浇营养液，盆中每周补液 1 次，每次补液 100mL。

【园林应用】植株紧密，树冠整齐优美可供观赏，或作园林中的掩蔽树种用。也可于庭院孤植或丛植，亦作为行道树。因其适应性强，也用作绿篱。

（a）花叶鹅掌柴的叶

（b）花叶鹅掌柴的叶　　　　　　　（c）花叶鹅掌柴的新叶

（d）花叶鹅掌柴局部景观　　　　　（e）花叶鹅掌柴丛植景观

（f）花叶鹅掌柴配置在路边的景观

图 5-61　花叶鹅掌柴景观

22. 山麻杆

【科属】大戟科、山麻杆属

【形态特征】落叶丛生小灌木,高1~2m,茎干直立而分枝少,茎皮常呈紫红色。幼枝密被绒毛,后脱落,老枝光滑。单叶互生,叶广卵形或圆形,先端短尖,基部圆形,长7~17cm,宽6~19cm表面绿色,有短毛疏生,背面紫色,叶表疏生短绒毛,叶缘有齿牙状锯齿,主脉由基部三出,叶柄被短毛并有2个以上腺体。托叶2枚、线形。花小、单性同株;雄花密生成短穗状花序,萼4裂,雄蕊8枚,花丝分离;雌花疏生,排成总状花序,位于雄花序的下面,无花瓣,萼4裂、紫色,子房3室,花柱3根,细长。蒴果扁球形,密生短柔毛;种子球形。花期3~4月,果熟6~7月。

【生长习性】阳性树种,喜光照,稍耐阴,喜温暖湿润的气候环境,对土壤的要求不严,在深厚肥沃的在砂质壤土上生长最佳。萌蘖性强,抗旱能力低。

【栽植养护】 多以分株繁殖,也可扦插或播种,种子不易采得,由于以观叶为主,可利用其萌蘖性强的特性不断进行更新。

【园林应用】山麻杆树形秀丽,新枝嫩叶俱红,茎干丛生,茎皮紫红,早春嫩叶紫红,后转红褐,是一个良好的观茎、观叶树种,丛植于庭院、路边、山石之旁具有丰富色彩有效果,若与其他花木成丛或成片配植,则层次分明,色彩丰富。

（a）山麻杆的新叶

（b）山麻杆的花　　　　　　　　（c）山麻杆的花

（d）山麻杆植株　　　　　　　　（e）山麻杆点缀水边

（f）山麻杆局部景观

图 5-62　山麻杆景观

23. 红瑞木

【科属】山茱萸科、梾木属

【形态特征】落叶灌木。老干暗红色，枝丫血红色。叶对生，纸质，椭圆形，稀卵圆形，长5~8.5cm，宽1.8~5.5cm，先端突尖，基部楔形或阔楔形，边缘全缘或波状反卷，上面暗绿色，有极少的白色平贴短柔毛，下面粉绿色，被白色贴生短柔毛，有时脉腋有浅褐色髯毛，中脉在上面微凹陷，下面凸起，侧脉4~5（~6）对，弓形内弯，在上面微凹下，下面凸出，细脉在两面微显明。聚伞花序顶生，花乳白色。花期5~6月。果实乳白或蓝白色，成熟期8~10月。

【生长习性】红瑞木喜欢潮湿温暖的生长环境，适宜的生长温度是22~30℃，光照充足。红瑞木喜肥，在排水通畅、养分充足的环境，生长速度非常快。夏季注意排水，冬季在北方有些地区容易冻害。

【栽植养护】用播种、扦插和压条法繁殖。播种时，种子应砂藏后春播。扦插可选一年生枝，秋冬砂藏后于翌年3~4月扦插。压条可在5月将枝条环割后埋入土中，生根后在翌春与母株割离分栽。

【园林应用】庭院观赏、丛植。红端木秋叶鲜红，小果洁白，落叶后枝干红艳如珊瑚，是少有的观茎植物，也是良好的切枝材料。园林中多丛植草坪上或与常绿乔木相间种植，得红绿相映之效果。

（a）红瑞木的花

（b）红瑞木的叶　　　　　　　　　　（c）红瑞木的枝

（d）红瑞木局部景观　　　　　　（e）红瑞木与其他植物配置景观

（f）红瑞木片植形成色块

图 5-63　红瑞木景观

24. 朱蕉

【科属】龙舌兰科、朱蕉属

【形态特征】灌木状，直立，高 1~3m。茎粗 1~3cm，有时稍分枝。叶聚生于茎或枝的上端，矩圆形至矩圆状披针形，长 25~50cm，宽 5~10cm，绿色或带紫红色，叶柄有槽，长 10~30cm，基部变宽，抱茎。圆锥花序长 30~60cm，侧枝基部有大的苞片，每朵花有 3 枚苞片；花淡红色、青紫色至黄色，长约 1cm；花梗通常很短，较少长达 3~4mm；外轮花被片下半部紧贴内轮而形成花被筒，上半部在盛开时外弯或反折；雄蕊生于筒的喉部，稍短于花被；花柱细长。花期 11 月至次年 3 月。

【生长习性】性喜高温多湿气候，属半阴植物，既不能忍受北方地区烈日曝晒，完全背阴处叶片又易发黄，不耐寒，除广东、广西、福建等地外，均只宜置于温室内盆栽观赏，要求富含腐殖质和排水良好的酸性土壤，忌碱土，植于碱性土壤中叶片易黄，新叶失色，不耐旱。

【栽植养护】适宜在腐叶土、砂等混合配制的肥沃、疏松的弱酸性土壤中生长，忌用碱性土壤。宜在每年春季新叶大量生长前换盆换土。朱蕉喜温暖潮湿，生长适温 20~25℃，冬季不宜低于 10℃。生长季节不仅要求盆土湿润，还要求较高的空气湿度，否则会造成叶片干尖和边缘枯黄。但应注意，在低温下如盆土过于潮湿，会出现根系腐烂，故秋冬应少浇水。

【园林应用】朱蕉株形美观，色彩华丽高雅，盆栽适用于室内装饰。盆栽幼株，点缀客厅和窗台，优雅别致。成片摆放会场、公共场所、厅室出入处，端庄整齐，清新悦目。数盆摆设橱窗、茶室，更显典雅豪华。朱蕉栽培品种很多，叶形也有较大的变化，是布置室内场所的常用植物。

（a）朱蕉的叶

（b）朱蕉的花　　　　　　　　（c）朱蕉列植景观

（d）朱蕉植株　　　　　　　　（e）朱蕉点缀水边

（f）朱蕉路边装饰

图 5-64　朱蕉景观

25. 金脉爵床

【科属】爵床科黄脉爵床属

【形态特征】直立灌木状，盆栽种植株高一般 50~80cm。多分枝，茎干半木质化。叶对生，无叶柄，阔披针形，长 15~30cm、宽 5~10cm，先端渐尖，基部宽楔形，叶缘锯齿；叶片嫩绿色，叶脉橙黄色。夏秋季开出黄色的花，花为管状，簇生于短花茎上，每簇 8~10 朵，整个花簇为一对红色的苞片包围。

【生长习性】喜高温、多湿，生长适温 20~25℃。越冬温度在 10℃ 以上。要求排水良好的砂质壤土。金脉爵床较喜光，光线弱容易导致节间伸长，造成徒长及叶色暗淡无光，所以必须保证较强的光线。肥料以磷钾肥为主，少施氮肥；如氮肥过多则金黄色叶会变淡，降低观赏价值。

【栽植养护】金脉爵床多用于扦插繁殖。扦插一般在春季或秋季，剪取顶芽 3~4 个节的侧枝作插穗（长 8~10cm，要靠枝节下面剪切），将插穗插于以珍珠岩或腐叶土和河沙等量混合为基质的插床上，保持基质及空气湿润。在温度 20~25℃ 及较明亮光照下，经 3~4 周即可生根上盆。不带顶芽的中部枝条也可扦插，但生根较慢。

【园林应用】金脉爵床是良好的室内盆栽植物。叶色深绿，叶脉淡黄色，十分美丽，花穗金黄，花期可持续数周。适宜家庭、宾馆和橱窗布置，由于其基部叶片容易变黄脱落，可用矮生观叶植物配置周围。

（a）金脉爵床的叶

（b）金脉爵床的花

（c）金脉爵床与其他植物配置景观

（d）金脉爵床局部景观

（e）金脉爵床应用于花境

（f）金脉爵床球状造型

图 5-65　金脉爵床景观

26. 灌丛石蚕

【科属】唇形科、香科科属

【形态特征】常绿小灌木，高可达 1.8m。叶对生，卵圆形，长 1~2cm，宽 1cm。小枝四棱形，全株被白色绒毛，以叶背和小枝最多。春季枝头悬挂淡紫色小花，很多也很漂亮，花期 1 个月左右。

【生长习性】喜光，稍耐阴，上海露地能安全越冬，生长快，耐修剪。调剂绿化环境色调的新优彩叶常绿灌木。适温环境在 −7~35℃，可适应大部分地区的气候环境；对水分的要求也不严格，土壤需排水良好。

【栽植养护】主要是扦插，每年修剪的枝条都是扦插的好材料，所以尽管结籽不多，但它繁殖的速度却并不慢。

【园林应用】灌丛石蚕的叶片全年呈现出淡淡的蓝灰色，远远望去与其他植物形成鲜明的对照。既适宜作深绿色植物的前景，也适合作草本花卉的背景，特别是在自然式园林中种植于林缘或花境是最合适不过了。水果蓝的萌蘖力很强，可反复修剪，所以也可用作规则式园林的矮绿篱。不管如何运用，它都丰富了园林的色彩，为庭院带来一抹亮丽的蓝色。

（a）灌丛石蚕的叶

（b）灌丛石蚕的花　　　　　　　（c）灌丛石蚕局部景观

（d）灌丛石蚕球状造型　　　　　　（e）灌丛石蚕点缀路边

（f）灌丛石蚕丛植景观

图 5-66　灌丛石蚕景观

27. 菲白竹

【科属】禾本科、赤竹属

【形态特征】菲白竹竹鞭粗 1~2mm；竿高 10~30cm，高大者可达 50~80cm；节间细而短小，圆筒形，直径 1~2mm，光滑无毛；竿环较平坦或微有隆起；竿不分枝或每节仅分 1 枝。箨鞘宿存，无毛。小枝具 4~7 叶；叶鞘无毛，淡绿色，一侧边缘有明显纤毛，鞘口繸毛白色并不粗糙；叶片短小，披针形，长 6~15cm，宽 8~14mm，先端渐尖，基部宽楔形或近圆形；两面均具白色柔毛，尤以下表面较密，叶面通常有黄色或浅黄色乃至于近于白色的纵条纹。笋期 4~6 月。

【生长习性】菲白竹喜温暖湿润气候，好肥，较耐寒，忌烈日，宜半阴，喜肥沃疏松排水良好的砂质土壤。该竹具有很强的耐阴性，可以在林下生长。

【栽植养护】菲白竹的栽培技术主要是采用分植母株的方法。在 2~3 月份将成丛母株连地下茎带土移植，母株根系浅，有时带土有困难，应随挖随栽。生长季移植则必须带土，否则不易成活。栽后要浇透水并移至阴湿处养护一段时间。

【园林应用】菲白竹植株低矮，叶片秀美，常植于庭园观赏；栽作地被、绿篱或与假石相配都很合适；也是盆栽或盆景中配植的好材料。它端庄秀丽，也是观赏竹类中一种不可多得的贵重品种。

（a）菲白竹的叶

（b）菲白竹的叶 　　　　　（c）菲白竹点缀路边

（d）菲白竹局部景观 　　　　（e）菲白竹片植景观

（f）菲白竹的盆栽

图 5-67 菲白竹景观

28. 菲黄竹

【科属】禾本科、赤竹属

【形态特征】地被竹种，竿纤细，高达 1.2m， 径 2~3mm，地下茎复轴混生。叶长 10~20cm，宽 3~5cm，叶片中央有黄色纵条纹，嫩叶纯黄色，具绿色条纹，老后叶片变为绿色。

【生长习性】喜温暖湿润气候，好肥，较耐寒，忌烈日，宜半阴，喜肥沃疏松排水良好的砂质土壤 。

【园林应用】园林绿化彩叶地被、色块或做山石盆景栽植观赏。新叶纯黄色，非常醒目，秆矮小，用于地表绿化或盆栽观赏。

（a）菲黄竹的叶

（b）菲黄竹局部景观　　　　　　　（c）菲黄竹的新叶

（d）菲黄竹的叶　　　　　　　（e）菲黄竹用作地被

（f）菲黄竹片植景观

图 5-68　菲黄竹景观

29. 花叶夹竹桃

【科属】夹竹桃科、夹竹桃属

【形态特征】常绿大灌木，高达 5m，含水液，无毛。叶 3~4 枚轮生，在枝条下部为对生，窄披针形，长 11~15cm，宽 2~2.5cm，下面浅绿色；侧脉扁平，密生而平行。聚伞花序顶生；花萼直立；花冠深红色，芳香，重瓣；副花冠鳞片状，顶端撕裂；蓇葖果矩圆形，长 10~23cm，直径 1.5~2cm；种子顶端具黄褐色种毛。

【生长习性】喜温暖湿润的气候，耐寒力不强，在中国长江流域以南地区可以露地栽植，但在南京有时枝叶冻枯，小苗甚至冻死。在北方只能盆栽观赏，室内越冬，白花品种比红花品种耐寒力稍强；夹竹桃不耐水湿，要求选择高燥和排水良好的地方栽植，喜光好肥，也能适应较阴的环境，但庇荫处栽植花少色淡。萌蘖力强，树体受害后容易恢复。

【栽植养护】夹竹桃顶部分枝有一分三的特性，根据需要可修剪定形。一般分四次修剪：一是春天谷雨后；二是 7、8 月间；三是 10 月间；四是冬剪。如需在室内开花，要移在室内 15℃左右的阳光处。开花后立即进行修剪，否则，花少且小，甚至不开花。通过修剪，使枝条分布均匀，花大花艳，树形美。

【园林应用】在园林绿化中，被广泛用于公园绿化、庭院绿化、道路绿化、街区城市等，在实际应用中可栽植于建筑物前、院落内、池畔、河边、草坪旁及公园中小径两旁，均很相宜。

（a）花叶夹竹桃的叶

（b）花叶夹竹桃的叶

（c）花叶夹竹桃的花

（d）花叶夹竹桃局部景观

（e）花叶夹竹桃局部景观

（f）花叶夹竹桃列植景观

图 5-69 花叶夹竹桃景观

30. 红边竹蕉

【科属】百合科、龙血树属

【形态特征】常绿灌木，高达 3m。茎单干直立，少分枝。叶在茎顶呈 2 列状旋转聚生，剑形或阔披针形至长椭圆形，长 30~50cm，绿色或带紫红、粉红等彩色条纹，革质，中脉显著，侧脉羽状平行。圆锥花序生于顶部叶脉，长 30~60cm，花淡红至紫红色。浆果球形，红色。

【生长习性】性喜高温多湿的气候条件。生长适温 20~28℃。不耐寒，冬季不低于 10℃，耐阴又耐强光，但喜散射光，在半阴的环境中生长良好，耐旱，土壤以肥沃疏松、排水良好、湿润的砂质壤土为宜。生长缓慢。

【栽植养护】常用扦插繁殖。春至夏季为适期，剪取植株顶端枝条，或将部分叶片去掉，截成 8~10cm 长，斜插入细河沙或细木屑中，保持湿度，约经 1 个月可生根，待根群生长旺盛后再移栽上盆。2~3 年换盆 1 次，春季换盆时，对较高的植株可将顶端截除，促使发生分枝使植株更加丰满美观。生长期保持盆土湿润，家庭盆栽要掌握间干间湿，温度低时少浇水。夏季要适当遮阴，经常对叶面喷水，保持较高的空气湿度，防止空气干燥导致叶尖枯、卷曲。冬季必须移入室内阳光充足处养护，要求室温不低于 10℃。

【园林应用】红边竹蕉株形美观、叶色秀丽，是优良的室内盆栽观叶植物。盆栽适合几案、茶几、窗台摆设观赏，典雅别致。盆栽大株常用来装饰客厅、写字楼等处，清新柔美。

（a）红边竹蕉的叶

（b）红边竹蕉的树干

（d）红边竹蕉局部景观

（c）红边竹蕉的新叶

（e）红边竹蕉植株

（f）红边竹蕉与其他植物配置景观

图 5-70 红边竹蕉景观

31. 翠蓝柏

【科属】柏科、圆柏属

【形态特征】常绿直立灌木，分枝硬直而开，小枝茂密短直。叶披针状刺形，3枚轮生，两面均显著被白粉，呈翠蓝色。果实卵圆形，长0.6cm，初红褐色逐变为紫黑色；内具种子1粒。树皮灰褐色，呈不规则纵裂；小枝互生，幼时绿色，扁平，排成一平面，直展，叶鳞形，二型，交互对生，4片成一节；小枝上面的叶深绿色，下面的叶具气孔点，被白粉或淡绿色。雌雄同株，球花单生枝顶，着生雌球花的小枝圆或四棱形，弯曲或直。球果当年成熟，长圆形或椭圆状圆柱形，成熟时红褐色，具3~4对交互对生的种鳞，种鳞木质，扁平，先端有凸尖，下面1对小、微反曲，上面1对结合而生，仅中部的种鳞各生2(1稀粒种子)种子、1个短翅和1个与种鳞近等大的翅，种翅膜质。

【生长习性】喜光、耐湿、耐寒性差。在年平均温度13~17℃，年降水量800~1200mm的地方生长较好。

【栽植养护】翠柏宜置于空气流通、阳光充足之处，夏季经常喷叶面水则利于生长，冬季可在室外越冬，如置于室内须注意通风，以免造成叶片黄枯脱落，影响美观。不耐水湿，盆土过于潮湿可引起叶枯脱落，故盆土宜常带干。浇水须干透浇透，不干不浇，雨季久下不停时须将盆侧倒，不可积水。

【园林应用】适宜孤植于庭院，尤其适宜与岩石配植，是优良的盆景植物材料。翠柏枝叶稠密，直立簇生，色蓝似灰，叶之两面如披白霜，树冠呈现蓝绿光泽，在松柏类中别具一格。树姿古朴浑厚，四季耸翠，终年均适宜观赏。

（a）翠蓝柏局部景观

（b）翠蓝柏的叶

（c）翠蓝柏片植景观

图 5-71 翠蓝柏景观

32. 金焰绣线菊

【科属】蔷薇科、绣线菊属

【形态特征】落叶小灌木，株高60~110cm，冠幅90~120cm，老枝黑褐色，新枝黄褐色，枝条呈折线状，不通直，柔软。冬芽小，有鳞片，单叶互生，边缘具尖锐重锯齿，羽状脉。叶长0.8~3.0cm，宽0.5~1.6cm，叶柄0.2~0.4cm。具短叶柄，无托叶，花两性，伞房花序，萼筒钟状，萼片5片，花瓣5片，圆形较萼片长，雄蕊长于花瓣，着生在花盘和萼片之间，心皮5片，离生。蓇葖果5个，沿腹缝线开裂，内具数粒细小种子，种子出圆形，种皮膜质。枝叶较松散，呈球状，叶色鲜艳夺目，春季叶色黄红相间，夏季叶色绿，秋季叶紫红色，花玫瑰红，花序较大，10~35朵聚成复伞形花序，直径10~20cm。

【生长习性】金焰绣线菊较耐庇荫，喜潮湿气候，在温暖向阳而又潮湿的地方生长良好。能耐37.7℃高温和-30℃的低温。在年降雨量266.9mm左右、年蒸发量2731mm左右的环境中生长良好。萌蘖力强，较耐修剪整形。耐干燥、耐盐碱，喜中性及微碱性土壤，耐瘠薄，但在排水良好、土壤肥沃之处生长更繁茂。

【栽植养护】金焰绣线菊可采用播种、扦插、分株等方法繁殖。因扦插繁殖速度快，繁殖系数高，在生产中普遍使用。扦插苗在扦插的第2年春天进行移栽，移栽时对根系进行修剪，以防须根太多造成窝根，上部适当修剪，减少养分消耗，利于缓苗。生长期内适时拔草、浇水、松土，经过1年培育，苗高可达15~20cm，第2年春季即可定植到垄上或应用到园林绿化中。

【园林应用】金焰绣线菊是观赏价值高、发展前景广、应用功能全面的优良花灌木树种。它不仅可用于建植大型图纹、花带、彩篱等园林造型，也可布置花坛、花境、点缀园林小品，亦可丛植、孤植或列植，也可做绿篱。具有显著的社会效益和生态效益。

（a）金焰绣线菊的新叶

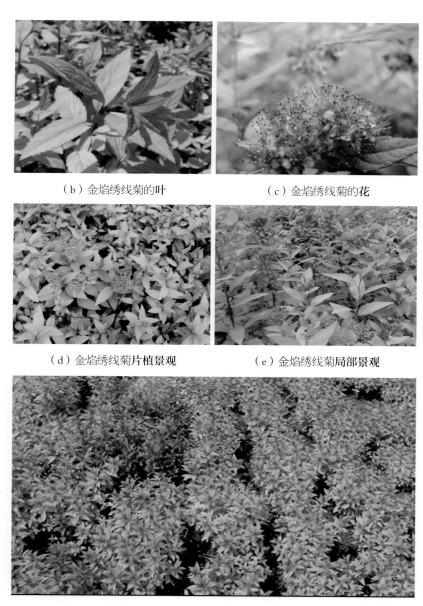

（b）金焰绣线菊的叶   （c）金焰绣线菊的花

（d）金焰绣线菊片植景观   （e）金焰绣线菊局部景观

（f）金焰绣线菊片植景观

图 5-72 金焰绣线菊景观

33. 金边枸骨

【科属】冬青科、冬青属

【形态特征】叶硬革质，叶面深绿色，有光泽，长椭圆形至披针形。叶缘上端有小规则锯齿，叶尖，基部平截，聚伞花序，花黄绿色，簇生。果实球形，成熟时鲜红色。

【生长习性】喜温暖、湿润和阳光充足环境。耐寒性强，十分耐阴，耐干旱，不耐盐碱。生长适温，3~10月为13~18℃，10月至翌年3月为7~10℃。冬季可忍 −8℃低温；夏季高温35℃以上生长缓慢。土壤要求肥沃、排水良好的酸性土壤。

【栽植养护】种苗移栽应在早春或秋季进行。因根部根系较少，需带土移植。幼苗期生长缓慢，露地栽培应选择肥沃、疏松的砂质壤土，施足基肥。生长期施肥2~3次，盆栽一般2~3年换盆1次。生长过程中，易受漆斑病、叶斑病和白粉病危害，可用65%代森锌可湿性粉剂1500倍液喷洒。虫害有介壳虫危害，用40%氧化乐果乳油1000倍液喷杀。

【园林应用】金边枸骨为观叶、观果兼优的观赏树种，抗污染能力较强，是厂矿区优良的观叶灌木，也是建筑物前、风景区花坛和主干道两侧的优质装饰材料。在欧洲常用于插花装饰。

（a）金边枸骨的盆栽

（b）金边枸骨的叶　　　　　　　　（c）金边枸骨的叶

（d）金边枸骨局部景观　　　　　　（e）金边枸骨点缀路边

（f）金边枸骨丛植景观

图 5-73 金边枸骨景观

34. 碧桃

【科属】蔷薇科、李属

【形态特征】乔木，高 3~8m；树冠宽广而平展；树皮暗红褐色，老时粗糙呈鳞片状；小枝细长，无毛，有光泽，绿色，向阳处转变成红色，具大量小皮孔；冬芽圆锥形，顶端钝，外被短柔毛，常 2~3 个簇生，中间为叶芽，两侧为花芽。叶片长圆披针形、椭圆披针形或倒卵状披针形，长 7~15cm，宽 2~3.5cm，先端渐尖，基部宽楔形，上面无毛，下面在脉腋间具少数短柔毛或无毛，叶边具细锯齿或粗锯齿，齿端具腺体或无腺体；叶柄粗壮，长 1~2cm，常具 1 枚至数枚腺体，有时无腺体。果实形状和大小均有变异，卵形、宽椭圆形或扁圆形。

【生长习性】碧桃性喜阳光，耐旱，不耐潮湿的环境。喜欢气候温暖的环境，耐寒性好，能在 −25℃ 的自然环境安然越冬。要求土壤肥沃、排水良好。不喜欢积水，如栽植在积水低洼的地方，容易出现死苗。

【栽植养护】碧桃喜干燥向阳的环境，故栽植时要选择地势较高且无遮阴的地点，不宜栽植于沟边及池塘边，也不宜栽植于树冠较大的乔木旁，以免影响其通风透光。碧桃喜肥沃且通透性好、呈中性或微碱性的砂质壤土，在黏重土或重盐碱地栽植，不仅植株不能开花，而且树势不旺，病虫害严重。

【园林应用】碧桃花大色艳，妖妍媚人，适合于湖滨、溪流、道路两侧和公园布置，也适合小庭院点缀和盆栽观赏，还常用于切花和制作盆景。

（a）碧桃的花

（b）碧桃的叶 　　　　　　　　（c）碧桃路边列植

（d）碧桃植株 　　　　　　　　（e）碧桃列植景观

（f）碧桃路边列植

图 5-74 碧桃景观

三、彩叶藤本植物

1. 白蝴蝶合果芋

【科属】天南星科、合果芋属

【形态特征】多年生常绿草质藤本。茎节具气生根，从叶柄基部中间窜出。幼时呈丛生状，后茎伸长为藤本。叶具长柄，下部有叶鞘。叶较合果芋宽，呈宽箭形，质薄，叶面绿色，中间白绿色，背面绿色。它的叶形别致，状似蝶翅，所以称为白蝴蝶。叶片呈箭头形、绿底白斑的白蝴蝶合果芋天生就是要在室内与人为伴的，它非常适合室内中亮度的环境，户外炽热的阳光很容易把它的叶片灼伤。它有一个很大的特点，就是叶形会随着植株的成长而改变。年轻的植株，新叶会长成戟形或箭头形；而年老的植株，其叶片会变成三裂到五裂的形状。

【生长习性】合果芋喜欢高温多湿的环境。春、夏、秋季是它的生长期，应常保持盆土湿润；冬季为休眠期，可待盆土干后再浇水。合果芋耐阴性佳，室内有散射日光的地方即可生长，但斑叶品种的合果芋则需要充足的光照，斑点才不会消失，所以白蝴蝶合果芋适合种在有光线斜照的场所。对于阳光的承受度，幼年期适合半日照，成年期则耐全日照，但夏季都不适宜阳光直射。

【栽植养护】合果芋生长快速，因此最好每年换盆，以利新根生长。盆土最好用排水良好的砂质壤土或用泥炭苔混合蛇木屑。如果合果芋已开始徒长，长得东倒西歪，可以先把枝条全部剪光，然后放到太阳可以照射到的地方，让它重新长出新叶，但要避免直射。在充足的光照下，合果芋会焕然一新，长出漂亮的姿态。

【园林应用】白蝴蝶合果芋美丽多姿，形态多变，不仅适合盆栽，也适宜盆景制作，是非常具有代表性的室内观叶植物。白蝴蝶合果芋也常用于吊篮栽植，作为垂吊装饰材料，还可种于荫蔽处的墙蓠或花坛边缘进行观赏。此外，白蝴蝶合果芋的叶片还是极佳的插花配叶材料。

（a）白蝴蝶合果芋的叶

（b）白蝴蝶合果芋局部景观

（c）白蝴蝶合果芋的水培

（d）白蝴蝶合果芋片植景观

（e）白蝴蝶合果芋用作地被

（f）白蝴蝶合果芋用作地被

图 5-75　白蝴蝶合果芋景观

2. 五叶地锦

【科属】葡萄科、爬山虎属

【形态特征】木质藤本。小枝圆柱形，无毛。卷须总状 5~9 分枝，相隔 2 节间断与叶对生，卷须顶端嫩时尖细卷曲，后遇附着物扩大成吸盘。叶为掌状 5 小叶，小叶倒卵圆形、倒卵椭圆形或外侧小叶椭圆形，顶端短尾尖，基部楔形或阔楔形，边缘有粗锯齿；侧脉 5~7 对，网脉两面均不明显突出；叶柄长 5~14.5cm，无毛，小叶有短柄或几无柄。花序假顶生形成主轴明显的圆锥状多歧聚伞花序；花梗长 1.5~2.5mm，无毛；花蕾椭圆形，顶端圆形；萼碟形，边缘全缘，无毛；花瓣 5，长椭圆形，无毛；子房卵锥形，渐狭至花柱，或后期花柱基部略微缩小，柱头不扩大。果实球形；种子倒卵形，顶端圆形，基部急尖成短喙。花期 6~7 月，果期 8~10 月。

【生长习性】喜温暖气候，也有一定耐寒能力；亦耐暑热，较耐庇荫。喜光，阳光充足能使秋叶变红。生长势旺盛，但攀缘力较差，在北方常被大风刮下。对土壤和气候适应性强，在肥沃的砂质壤土上生长更好。

【栽植养护】五叶地锦的繁殖方法主要有扦插、压条，压条可于春季进行，将老株枝条弯曲埋入土中生根。第二年春，切离母体，另行栽植。硬枝扦插于 3~4 月进行，将硬枝剪成 10~15cm 一段插入土中，浇足透水，保持湿润。嫩枝扦插取当年生新枝，在夏季进行。五叶爬山虎的生命力极强，故而繁殖极易成活。小苗成活生长一年后，即可移栽定植。栽时深翻土壤，施足腐熟基肥。当小苗长至 1m 长时，即应用铅丝、绳子牵向攀附物。

【园林应用】蔓茎纵横，密布气根，翠叶遍盖如屏，秋后入冬，叶色变红或黄，十分艳丽。适于配植宅院墙壁、围墙、庭园入口处、桥头石埂等处。是垂直绿化、草坪及地被绿化墙面、廊架、山石或老树干的好材料，也可作地被植物。同时，五叶地锦对二氧化硫等有害气体有较强的抗性，也宜作工矿街坊的绿化材料。

（a）五叶地锦的彩叶

（b）五叶地锦的花

（c）五叶地锦的果

（d）五叶地锦用作地被

（e）五叶地锦装饰栏杆

（f）五叶地锦用作地被

图5-76 五叶地锦景观

3. 紫藤

【科属】豆科、紫藤属

【形态特征】落叶藤本。茎左旋，枝较粗壮，嫩枝被白色柔毛，后秃净。奇数羽状复叶；托叶线形，早落；小叶3~6对，纸质，卵状椭圆形至卵状披针形，嫩叶两面被平伏毛，后秃净；小叶柄被柔毛；小托叶刺毛状，宿存。总状花序发自去年年短枝的腋芽或顶芽，花序轴被白色柔毛；苞片披针形，早落；花芳香；花梗细；花萼杯状，密被细绢毛；花冠细绢毛，上方2齿甚钝，下方3齿卵状三角形；花冠紫色，旗瓣圆形，先端略凹陷，花开后反折，基部有2胼胝体，翼瓣长圆形，基部圆，龙骨瓣较翼瓣短，阔镰形，子房线形，密被绒毛，花柱无毛，上弯，胚珠6~8粒。荚果倒披针形，密被绒毛，悬垂枝上不脱落；种子褐色，具光泽，圆形，扁平。花期4月中旬至5月上旬，果期5~8月。

【生长习性】紫藤为暖带及温带植物，对气候和土壤的适应性强，较耐寒，能耐水湿及瘠薄土壤，喜光，较耐阴。以土层深厚，排水良好，向阳避风的地方栽培最适宜。主根深，侧根浅，不耐移栽。生长较快，寿命很长。缠绕能力强，它对其他植物有绞杀作用。

【栽植养护】紫藤繁殖容易，可用播种、扦插、压条、分株、嫁接等方法，主要用播种、扦插，但因实生苗培养所需时间长，所以应用最多的是扦插。插条繁殖一般采用硬枝插条。3月中下旬枝条萌芽前，选取1~2年生的粗壮枝条，剪成15cm左右长的插穗，插入事先准备好的苗床，扦插深度为插穗长度的2/3。插后喷水，加强养护，保持苗床湿润，成活率很高，两年后可出圃。

【园林应用】紫藤是优良的观花藤本植物，一般应用于园林棚架，春季紫花烂漫，别有情趣，适栽于湖畔、池边、假山、石坊等处，具独特风格，盆景也常用。

（a）紫藤的叶

（b）紫藤局部景观

（c）紫藤的花

（d）紫藤的果

（e）紫藤与其他植物配置景观

（f）紫藤用作装饰

图 5-77 紫藤景观

4. 洋常春藤

【科属】五加科、常春藤属

【形态特征】常绿攀缘灌木，嫩枝几无毛，稀具星状毛。花枝上的叶片披针形至卵状披针形，或近于菱形至卵形，歪斜，先端渐尖，基部楔形至阔楔形，上面亮绿色，下面淡绿色，侧脉两面均明显，网脉上面较明显；叶柄长1~5.5cm，几无毛。伞形花序近于伞房状排列；总花梗细长，长1~1.5cm，有星状毛；花梗长6~8mm，有星状毛；萼筒短，倒圆锥形，密生星状毛，长1mm；花瓣卵形，长2~2.5mm，开花时略反卷，外面有星状毛，内面中部以上有隆起的脊；雄蕊5，花丝长2mm；子房5室，花盘短圆锥形；花柱合生成柱状，长1mm，柱头有不明显的5裂。果实黑色。花期11月。

【生长习性】喜温暖湿润和半阴环境，也能在充足阳光下生长，较耐寒，能耐短暂 −3℃低温，土壤以疏松、肥沃的壤土生长最为旺盛。

【栽植养护】常春藤栽培管理简单粗放，但需栽植在土壤湿润、空气流通之处。移植可在初秋或晚春进行、定植后需加以修剪，促进分枝。南方多地栽于园林的背阴处，令其自然匍匐在地面上或者假山上。北方多盆栽，盆栽可绑扎各种支架，牵引整形，夏季在遮阳蓬下养护，冬季放入温室越冬，室内要保持空气的湿度，不可过于干燥，但盆土不宜过湿。

【园林应用】洋常春藤蔓枝密叶，耐阴性好，叶片色彩丰富，有金边、银边、金心、彩叶和三色的。适合盆栽和室内垂直绿化，是家庭室内装饰和宾馆景观布置的好材料。在江南庭园中常用作攀缘墙垣及假山的绿化材料，而北方城市常盆栽作室内及窗台绿化材料。

（a）洋常春藤的叶

（b）洋常春藤的花　　　　　　　（c）洋常春藤局部景观

（d）洋常春藤装饰墙面　　　　　　（e）洋常春藤局部景观

（f）洋常春藤用作地被

图 5-78　洋常春藤景观

5. 彩叶扶芳藤

【科属】卫矛科、卫矛属

【形态特征】 常绿藤本灌木，高 1m 至数米；小枝方棱不明显。叶薄革质，椭圆形、长方椭圆形或长倒卵形，宽窄变异较大，可窄至近披针形先端钝或急尖，基部楔形，边缘齿浅不明显，侧脉细微和小脉全不明显；叶柄长 3~6mm。聚伞花序 3~4 次分枝；花序梗长 1.5~3cm，第一次分枝长5~10mm，第二次分枝 5mm 以下，最终小聚伞花密集，有花 4~7 朵，分枝中央有单花，小花梗长约 5mm；花白绿色，4 数，直径约 6mm；花盘方形，直径约 2.5mm；花丝细长，花药圆心形；子房三角锥状，四棱，粗壮明显，花柱长约 1mm。蒴果粉红色，果皮光滑，近球状；种子长方椭圆状，棕褐色，假种皮鲜红色，全包种子。花期 6 月，果期 10 月。

【生长习性】性喜温暖、湿润环境，喜阳光，亦耐阴。在雨量充沛、云雾多、土壤和空气湿度大的条件下，植株生长健壮。对土壤适应性强，酸碱及中性土壤均能正常生长，可在砂石地、石灰岩山地栽培，适于疏松、肥沃的砂壤土生长，适生温度为 15~30℃。

【栽植养护】定植后如遇天旱，每天淋水 1 次，1 周后每周淋水 1 次，直至成活为止。也可用秸秆或杂草覆盖树盘，成活后一般不用淋水。种植成活后，如发现有缺株，应及时补上同龄苗木，以保证全苗生产。由于扶芳藤前期生长较慢，杂草较多，每月应进行 1~2 次中耕除草。

【园林应用】彩叶扶芳藤有很强的攀缘能力，在园林绿化上常用于掩盖墙面、山石，或攀缘在花格之上，形成一个垂直绿色屏障。垂直绿化配置树种时，扶芳藤可与爬山虎隔株栽种，使两种植物同时攀缘在墙壁上，到了冬天，爬山虎落叶休眠，扶芳藤叶片红色光泽、郁郁葱葱，显得格外优美。

（a）彩叶扶芳藤的绿叶

（b）彩叶扶芳藤的花　　　　　　　　（c）彩叶扶芳藤的果

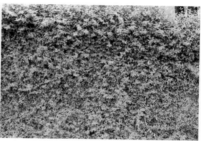

（d）彩叶扶芳藤的彩叶　　　　　　　（e）彩叶扶芳藤装饰墙面

（f）彩叶扶芳藤丛植景观

图 5-79　彩叶扶芳藤景观

6. 爬山虎

【科属】葡萄科、地锦属

【形态特征】多年生大型落叶木质藤本植物，其形态与野葡萄藤相似。藤茎可长达 18m。夏季开花，花小，成簇不显，黄绿色或浆果紫黑色，与叶对生。花多为两性，雌雄同株，聚伞花序常着生于两叶间的短枝上，较叶柄短；花5数；萼全缘；花瓣顶端反折，子房2室。表皮有皮孔，髓白色。枝条粗壮，老枝灰褐色，幼枝紫红色。枝上有卷须，卷须顶端及尖端有黏性吸盘。叶互生，叶片及叶脉对称。花枝上的叶宽卵形，常3裂，或下部枝上的叶分裂成3小叶，基部心形。叶绿色，无毛，背面具有白粉，叶背叶脉处有柔毛，秋季变为鲜红色。浆果小球形，熟时蓝黑色，被白粉。花期6月，果期大概在9~10月。

【生长习性】爬山虎适应性强，性喜阴湿环境，但不怕强光，耐寒，耐旱，耐贫瘠，气候适应性广泛，在暖温带以南冬季也可以保持半常绿或常绿状态。耐修剪，怕积水，对土壤要求不严，阴湿环境或向阳处，均能茁壮生长，但在阴湿、肥沃的土壤中生长最佳。它对二氧化硫和氯化氢等有害气体有较强的抗性，对空气中的灰尘有吸附能力。

【栽植养护】爬山虎可种植在阴面和阳面，寒冷地区多种植在向阳地带。爬山虎幼苗生长一年后即可粗放管理，在北方冬季能忍耐 −20℃ 的低温，不需要防寒保护。移植或定植在落叶期进行，定植前施入有机肥料作为基肥，并剪去过长茎蔓，浇足水，容易成活。房屋、楼墙跟或院墙跟处种植，应离墙基50cm坑，株距一般以 1.5m 为宜。

【园林应用】爬山虎常攀缘在墙壁或岩石上，适于配植宅院墙壁、围墙、庭园入口、桥头石堆等处。可用于绿化房屋墙壁、公园山石，既可美化环境，又能降温、调节空气、减少噪声。

（a）爬山虎的新叶

（b）爬山虎的叶　　　　　　　　（c）爬山虎装饰墙面

（d）爬山虎装饰墙面　　　　　　（e）爬山虎的彩叶

（f）爬山虎装饰围墙

图 5-80　爬山虎景观

四、彩叶草本植物

1. 矾根

【科属】虎耳草科、矾根属

【形态特征】多年生耐寒草本花卉，株高 50~60cm，浅根性。叶基生，阔心形，长 20~25cm，深紫色，在温暖地区常绿，花小，钟状，花径 0.6~30cm，红色，两侧对称。花期 4~10 月。

【生长习性】 自然生长在湿润多石的高山或悬崖旁。性耐寒，喜阳耐阴。在肥沃、排水良好、富含腐殖质的土壤上生长良好。喜中性偏酸、疏松肥沃的壤土，适宜生长在湿润但排水良好、半遮阴的土壤中，忌强光直射。幼苗长势较慢，成苗后生长旺盛，是少有的彩叶阴生地被植物，耐 −34℃低温。

【栽植养护】将矾根种植在倾斜的地方。这是因为它们喜欢排水良好的基质。尽管它们可以忍受短时间的高肥料含量或者高 pH 值，但矾根在排水性良好、肥料含量少的无土基质中生长得更加旺盛。持续供应 50×10^{-6} 的氮可以保证它们生长健壮。适宜矾根生长的 pH 值为 5.8~6.2，EC 值为 2~3.5mS/cm。每次对矾根浇水要彻底，再次浇水时应等基质彻底干透后才可进行。这样做可以保证植物的正常生长，减少植物感染病菌的概率。

【园林应用】矾根最出众的地方是它叶子的颜色（有的品种叶片背面的色彩也相当艳丽）。另外，不同的季节、环境和温度下叶片的颜色还会有丰富的变化。因此，在园林应用中多用于林下花境、花坛、花带、地被、庭院绿化等等，应用范围非常广泛。

（a）矾根的叶

（b）矾根的叶　　　　　　　　　（c）矾根的花

（d）矾根做色块布置　　　　　（e）矾根与其他植物配置景观

（f）矾根用于花境中

图 5-81　矾根景观

2. 彩色马蹄莲

【科属】天南星科、马蹄莲属

【形态特征】球根花卉。肉质块茎肥大。叶基生，叶片亮绿色，全缘。肉穗花序鲜黄色，直立于佛焰中央，多数品种叶片有半透明斑点。花序具有大型的佛焰苞漏斗状，似马蹄，先端尖反卷。在佛焰苞的中央有无数的小花。花单性，无花被。雄花：雄蕊2~3个，花药楔状四棱形，压扁，无柄，药隔粗厚，先端平截，药室长圆形，外向下延几达基部，顶孔开裂，花粉粉末状。雌花：心皮1~5，雌蕊周围大都无假雄蕊，稀有假雄蕊3枚；假雄蕊匙形，围绕雌蕊；子房短卵圆形，倒生，珠柄短，着生于棱状胎座上；柱头半头状，盘状。浆果倒卵圆形或近球形。种子卵圆形，倒生，珠柄短，种脐稍凸起为小的种阜，种皮纵长具稍隆起的条纹，内种皮薄，光滑。胚具轴，藏于胚乳中。

【生长习性】马蹄莲既怕寒冷，又畏炎热和高温，高温季节地上部分枯萎，地下部分根茎进入休眠，马蹄莲多数冬季低温期休眠。若温度适宜，马蹄莲可周年开花，但以休眠后再种植的种球开花繁茂。北方温室栽培花期在11月至翌年5月。切花耐水养，观赏期冬天15~20天，夏季7~10天。

【栽植养护】马蹄莲喜湿，在旺盛生长季节，要经常浇水，使土壤经常湿润。在生长开花旺盛期，如叶片过于繁茂拥挤，要及时剥去外部已抽过花茎的老叶片，从基部剪除。如老叶不多，但新叶过于旺盛，内部通风差，花茎少，还可以进行拉叶处理，将叶片轻轻压向四周，使株丛开展，这样再结合合理的水肥措施，可提高产花量。在盛花期过后，要注意减少水分，以促进其休眠。

【园林应用】彩色马蹄莲花朵美丽，叶片独特，春秋两季开花，单花期特别长，是装饰客厅、书房的良好的盆栽花卉，也是切花、花束、花篮的理想材料。用作切花，经久不凋，是馈赠亲友的礼品花卉。在热带亚热带地区是花坛的好材料。

（a）彩色马蹄莲的花

（b）彩色马蹄莲的花和叶

（c）彩色马蹄莲的叶

（d）彩色马蹄莲的叶

（e）彩色马蹄莲丛植景观

（f）彩色马蹄莲片植景观

图 5-82 彩色马蹄莲景观

3. 红叶景天

【科属】景天科、景天属

【形态特征】多年生肉质草本，全株呈淡绿色，茎圆柱形、粗壮，地上茎簇生，茎基部褐色，稍木质化，上端淡绿色，稍被白粉，粗壮而直立，叶轮生或对生，具波状齿，淡绿色或灰绿色，被较厚的白粉，花顶生聚伞形花序，花径 10~13cm，萼片 5 枚，前期花蕾呈灰绿色，随着时间的推移逐步变为淡粉色—粉红色直至深粉红色，小花密集花型整齐，花期在 8~11 月，花期较长，开花时群体效果好，盛花期花团锦簇非常美观。株高 10cm 左右。匍匐生长。单叶对生，肉质叶椭圆，叶红色。冬季叶色尤为鲜艳。

【生长习性】红叶景天喜温暖干燥的气候，半阴潮湿的环境也能生长，耐寒怕积水。适应性强覆盖性好，耐寒，耐干旱，适生温度 15~30℃，宜于砂壤土生长，可代替草坪。景天的叶汁可以入药，有清热解毒之功效，可以去蝎子的蜇毒，所以景天又称蝎子草。

【栽植养护】红叶景天栽培养护比较简单，可以地栽也可以盆栽。早春充分灌透水，促芽萌发。7 月初根据需要并结合繁殖进行一次修剪，可以降低植株高度，同时使植株更加丰满。生育期间适当进行追肥，保持植株旺盛生长。秋末冬初地上干枯后，及时剪去。盆栽时，每年翻盆换土一次，冬季进入冷室或地窖储藏越冬，其他管理较为粗放。

【园林应用】红叶景天花、叶均具观赏价值，观赏期长达 8 个月之久，是一种极具发展前途的园林绿化植物良种。用于布置花坛、花境，或成片栽植，或点缀岩石园；用于花坛镶边或代替草坪美化庭园，能给绿色的环境增加色彩；也可以用作地被植物，填补夏季花卉在秋季凋萎没有观赏价值的空缺。

（a）红叶景天的叶

（b）红叶景天的叶　　　　　　（c）红叶景天局部景观

（d）红叶景天局部景观　　　　　（e）红叶景天局部景观

（f）红叶景天群植景观

图 5-83 红叶景天景观

4．玉簪

【科属】百合科、玉簪属

【形态特征】多年生宿根草本。根状茎粗厚，粗 1.5~3cm。叶卵状心形、卵形或卵圆形，长 14~24cm，宽 8~16cm，先端近渐尖，基部心形，具 6~10 对侧脉；叶柄长 20~40cm。花葶高 40~80cm，具几朵至十几朵花；花的外苞片卵形或披针形，长 2.5~7cm，宽 1~1.5cm；内苞片很小；花单生或 2~3 朵簇生，长 10~13cm，白色，芳香；花梗长约 1cm；雄蕊与花被近等长或略短，基部约 15~20mm 贴生于花被管上。蒴果圆柱状，有三棱，长约 6cm，直径约 1cm。花果期 8~10 月。

【生长习性】玉簪属于典型的阴性植物，性强健，喜阴湿环境，受强光照射则叶片变黄，生长不良。喜肥沃、湿润的砂壤土，在土层深厚、排水良好且肥沃的砂质壤土。性极耐寒，中国大部分地区均能在露地越冬，地上部分经霜后枯萎，翌春萌发新芽。忌强烈日光曝晒。

【栽植养护】玉簪是较好的喜阴植物，露天栽植以不受阳光直射的遮阴处为好。室内盆栽可放在明亮的室内观赏，不能放在有直射阳光的地方，否则叶片会出现严重的日灼病。秋末天气渐冷后，叶片逐渐枯黄。冬季入室，可在 0~5℃的冷房内过冬，翌年春季再换盆、分株。露地栽培可稍加覆盖越冬。

【园林应用】玉簪是较好的阴生植物，在园林中可用于树下作地被植物，或植于岩石园或建筑物北侧，也可盆栽观赏或作切花用。现代庭园，多配植林下草地、岩石园或建筑物背面，正是"玉簪香好在，墙角几枝开"。也可三两成丛点缀于花境中。因花夜间开放，芳香浓郁，是夜花园中不可缺少的花卉。

（a）玉簪的叶

（b）玉簪的花　　　　　　　　（c）玉簪的花

（d）玉簪植株　　　　　　（e）玉簪路边点缀

（f）玉簪片植形成色块

图5-84　玉簪景观

5．紫叶美人蕉

【科属】美人蕉科、美人蕉属

【形态特征】多年生半常绿丛生草本植物。株高 1.5m；茎粗壮，紫红色，被蜡质白粉，有很密集的叶。叶片卵形或卵状长圆形，顶端渐尖，基部心形，暗绿色，叶脉多少染紫色或古铜色。总状花序长 15cm，超出于叶之上；苞片紫色，卵形，多少内凹，略超出于子房之上，被天蓝色粉霜，无小苞片；萼片披针形，急尖，紫色；花冠裂片披针形，深红色，顶端内凹；外轮退化雄蕊 2 枚，倒披针形，红染紫，侧面的 1 枚长 4cm，宽 4~5mm，分离几达基部；唇瓣舌状或线状长圆形，顶端微凹或 2 裂，弯曲，红色；发育雄蕊披针形，浅褐色，急尖，较花药室略长；子房梨形，深红色，密被小疣状突起。花柱线形，较药室为长。果熟时黑色。花期秋季。

【生长习性】喜温暖湿润气候，不耐霜冻，生育适温 25~30℃，喜阳光充足土地肥沃，在原产地无休眠性，周年生长开花；性强健，适应性强，几乎不择土壤，以湿润、肥沃、疏松的砂壤土为好，稍耐水湿。畏强风。春季 4~5 月霜后栽种，萌发后茎顶形成花芽，小花自下而上开放，生长季里根茎的芽陆续萌发形成新茎开花，自 6 月至霜降前开花不断，总花期长。根茎在长江以南地区可露地越冬，长江以北必须人工保护越冬。

【栽植养护】春季 4 月上旬至中旬栽植。地栽采用穴植，每穴根茎具 2~3 个芽，穴距 80cm，穴深 20cm 左右，栽植后覆土厚 10cm 左右。盆栽时多选用低矮品种，每盆留 3 个芽。栽后覆土 8~10cm。栽植后根茎尚未长出新根前，要少浇水。盆土以潮润为宜，土壤过湿易烂根。花葶长出后应经常浇水，保持盆土湿润。冬季应减少浇水，以"见干见湿"为原则。

【园林应用】紫叶美人蕉花大色艳、色彩丰富，株形好，栽培容易。且现在培育出许多优良品种，观赏价值很高，可盆栽，也可地栽、装饰花坛等。

（a）紫叶美人蕉的叶

（b）紫叶美人蕉局部景观　　　　　　　（c）紫叶美人蕉的花

（d）紫叶美人蕉点缀水边　　　　　　　（e）紫叶美人蕉路边点缀

（f）紫叶美人蕉装饰墙角

图 5-85　紫叶美人蕉景观

6. 冷水花

【科属】荨麻科、冷水花属

【形态特征】多年生草本。茎肉质，高25~65cm，无毛。叶对生，2枚稍不等大；叶柄每对不等长，长0.5~7cm；叶片膜质，狭卵形或卵形，长4~11cm，宽1.6~4.8cm，先端渐尖或长渐尖，基部圆形或宽楔形，边缘在基部之上有浅锯齿或浅牙齿，钟乳体条形，在叶两面明显而密，在脉上也有；基出脉3条。雌雄异株；雄花序聚伞状，长达4cm；雄花直径约1.5mm，花被片4，雄蕊4，较花被片长，花药白色；雌花序较短而密，长在1.2cm以下；雌花花被片3，狭卵形，长约0.5mm，中间1枚较长，外面具钟乳体，柱头画笔头状。瘦果卵形，稍偏斜，淡黄色，表面有疣状点。花期7~9月，果期9~11月。

【生长习性】冷水花比较耐寒，冬季室温不低于6℃不会受冻，14℃以上开始生长。喜温暖湿润的气候条件，怕阳光曝晒，在疏荫环境下叶色白绿分明，节间短而紧凑，叶面透亮并有光泽。在全部背阴的环境下常常徒长，节间变长，茎秆柔软，容易倒伏，株形松散。对土壤要求不严，能耐弱碱，较耐水湿，不耐旱。

【栽植养护】冷水花，很耐阴，但更喜欢充足光照，且应避免强光直射。掌握湿润管理原则，盆土保持干而不裂、润而不湿为好。冷水花耐修剪，扦插苗上盆后即可摘心1次，待新生侧枝长至4片叶时，再留2片叶摘心，如此反复，可形成一个多分枝丰满半球状株形。老株生长过高大时，可在春天换盆时留基部2~3节，重剪短截，发新枝后摘心2~3次，又可形成一矮而紧凑的株形。

【园林应用】栽培供观赏，茎翠绿可爱，可做地被材料。耐阴，可作室内绿化材料。具吸收有毒物质的能力，适于在新装修房间内栽培。冷水花是相当时兴的小型观叶植物，陈设于书房、卧室，清雅宜人。也可悬吊于窗前，绿叶垂下，妩媚可爱。

（a）冷水花的叶

（b）冷水花的花　　　　　　　（c）冷水花用作地被

（d）冷水花片植景观　　　　　（e）冷水花与其他植物配置景观

（f）冷水花用作地被

图 5-86　冷水花景观

7. 山桃草

【科属】柳叶菜科、山桃草属

【形态特征】多年生粗壮草本，常丛生；茎直立，高60~100cm，常多分枝，入秋变红色，被长柔毛与曲柔毛。叶无柄，椭圆状披针形或倒披针形，向上渐变小，先端锐尖，基部楔形，边缘具远离的齿突或波状齿，两面被近贴生的长柔毛。花序长穗状，生茎枝顶部，不分枝或有少数分枝，直立；苞片狭椭圆形、披针形或线形。花近拂晓开放；花管内面上半部有毛；萼片被伸展的长柔毛，花开放时反折；花瓣白色，后变粉红，排向一侧，倒卵形或椭圆形；花丝长8~12mm；花药带红色，近基部有毛；柱头深4裂，伸出花药之上。蒴果坚果状，狭纺锤形，熟时褐色，具明显的棱。种子1~4粒，有时只部分胚珠发育，卵状，淡褐色。花期5~8月，果期8~9月。

【生长习性】喜凉爽、湿润和阳光充足环境，较耐寒。耐−35℃低温。宜生长在阳光充足的场所，耐半阴。对土质要求不严，耐干旱，以疏松、肥沃、排水良好的砂质壤土为佳。

【栽植养护】播种或分枝法繁殖，春播、秋播均可，发芽适温15~20℃，生长强健。秋季播种，小苗需低温春化，阳光、土壤、水肥参照生长习性目录。发芽温度8~20℃，发芽天数12~20天、生长温度15~25℃，一般秋季播种，第二年春夏开花。

【园林应用】极具观赏性，适合群栽，供花坛、花境、地被、盆栽、草坪点缀，适用于园林绿地，多成片群植，也可用作庭院绿化或插花。

（a）山桃草的叶

（b）山桃草植株　　　（c）山桃草与其他植物配置景观

（d）山桃草的花　　　（e）山桃草局部景观

（f）山桃草路边点缀

图 5-87　山桃草景观

8. 玉带草

【科属】禾本科、蕳草属

【形态特征】多年生宿根草本植物。因其叶扁平、线形、绿色且具白边及条纹，质地柔软，形似玉带，故得名玉带草。根部粗而多结，茎部粗壮近木质化。叶片宽条形，抱茎，边缘浅黄色条或白色条纹，宽 1~3.5cm。圆锥花序长 10~40cm，小穗通常含 4~7 朵小花。花序形似毛帚。叶互生，排成两列，弯垂，具白色条纹。地上茎挺直，有间节，似竹，秆粗壮，高 2~3m。

【生长习性】喜光，喜温暖湿润气候，湿润肥沃土壤，耐盐碱。通常生于河旁、池沼、湖边，常大片生长形成芦苇荡。喜温喜光，耐湿较耐寒。在北方需保护越冬。栽培管理非常粗放，可露地种植或盆栽观赏，生长期注意拔除杂草和保持湿度。无需特殊养护。

【栽植养护】花叶芦竹可用播种、分株、扦插方法繁殖，一般用分株方法。早春用快揪沿植物四周切成 4~5 个芽为一丛，然后移植。扦插可在春天将花叶芦竹茎秆剪成 20~30cm 一节，每个插穗都要有间节，扦入湿润的泥土中，30 天左右间节处会萌发白色嫩根，然后定植。

【园林应用】在园林中还可以布置路边花镜或花坛镶边。主要用于水景园背景材料，也可点缀于桥、亭、榭四周，可盆栽用于庭院观赏。花序可用作切花。

（a）玉带草的叶

（b）玉带草植株 （c）玉带草局部景观

（d）玉带草路边点缀 （e）玉带草点缀水边

（f）玉带草片植形成色块

图 5-88 玉带草景观

9.紫鸭趾草

【科属】鸭趾草科、紫鹃草属

【形态特征】多年生草本。植株高 20~30cm，茎伸长半蔓性，匍匐地面生长。叶披针形，卷曲状，紫红色，质脆，被细绒毛，茎紫褐色，直立性，伸长后即倒伏地面。春夏季开花，花色桃红，日照充足则开花不辍，此类植物耐旱又耐湿。对于光照适应力强，在强光或荫蔽处均能生长，光照强烈时则叶色呈浓紫色，荫蔽处叶色转褐绿。

【生长习性】喜温暖、湿润的环境，不耐寒，当温度过低时停止生长，甚至死亡。要求光照充足，但在夏季太阳曝晒时应适当遮阴，以保证植株生长。对土壤要求不严，以疏松、肥沃土壤为宜。

【栽植养护】紫鸭趾草喜肥沃、疏松土壤。4 月出圃后，置于阳光充足、通风良好之处。生长期保证水肥供应，可每隔 10 天左右浇一次腐熟有机液肥。只有养料充足，方能保证其茎节粗壮、叶色浓绿或紫红。盛夏时节，应移至半阴处。10 月移入室内阳光充足之处，保持盆土湿润，温度不低于 10℃即可。鸭趾草亦可于阴处培养，但长期光照不足，易使茎节变长，细弱瘦小，叶色变浅。盆栽鸭趾草，宜选用高盆或将盆吊起，使枝蔓下垂，显得潇洒自如。养护一定时期后，下部叶片易干，影响观赏效果，此时可自脱叶处短截，令其重发新枝。剪下部分可作插穗用。鸭趾草很少有病虫危害。

【园林应用】紫鸭趾草花叶俱美，色泽浓郁，为优良地被植物，经常用于花坛点缀、模型塑造等。也可盆栽作室内观叶植物。

（a）紫鸭趾草植株

（b）紫鸭趾草路边点缀　　　　　　（c）紫鸭趾草的叶

（d）紫鸭趾草的花　　　　　　（e）紫鸭趾草局部景观

（f）紫鸭趾草用作地被

图 5-89　紫鸭趾草景观

10. 吊竹梅

【科属】鸭跖草科、紫露草属

【形态特征】多年生草本。长约 1m。茎稍柔弱，半肉质，分枝，披散或悬垂。叶互生，无柄；叶片椭圆形、椭圆状卵形至长圆形，先端急尖至渐尖或稍钝，基部鞘状抱茎，叶鞘被疏长毛，腹面紫绿色而杂以银白色，中部和边缘有紫色条纹，背面紫色，通常无毛，全缘。花聚生于 1 对不等大的顶生叶状苞内；花萼连合成 1 管，3 裂，苍白色；花瓣裂片 3，玫瑰紫色；雄蕊 6 枚，着生于花冠管的喉部；子房 3 室，花柱丝状，柱头头状，3 圆裂。果为蒴果，花期 6~8 月。

【生长习性】吊竹梅多匍匐在阴湿地上生长，怕阳光曝晒。能忍耐 8℃ 的低温，不耐寒，怕炎热，14℃ 以上可正常生长。要求较高的空气湿度，在干燥的空气中叶片常干尖焦边。不耐旱而耐水湿，对土壤的酸碱度要求不高。

【栽植养护】通常采用扦插繁殖。摘取健壮茎数节插于湿沙中即可成活。插穗生根的最适温度为 18~25℃，如果低于 18℃，插穗生根很难生长，而且成长非常缓慢；但高于 25℃，插穗的剪口又容易受到病菌侵染而腐烂，所以需要注意。同时，扦插后必须保持空气的相对湿度在 75%~85%。每天 1~3 次进行喷雾来增加湿度，但过度喷雾，插穗容易被病菌侵染而腐烂，所以要防止过度护理。

【园林应用】吊竹梅生长迅速，枝叶匍匐悬垂，叶色紫、绿、银色相间，光彩夺目，用盆栽来种植，置于高几架、柜顶端任其自然下垂，形成绿帘，家居、庭院等地方常用来作整体布置。吊竹梅不仅可作园林美化、阳台或室内盆景观赏，同时还具有清新空气的功能。

（a）吊竹梅的叶

（b）吊竹梅的叶背　　　　　　　（c）吊竹梅的花

（d）吊竹梅局部景观　　　　　　（e）吊竹梅路边点缀

（f）吊竹梅用作地被

图5-90　吊竹梅景观

11. 孔雀竹芋

【科属】竹芋科、肖竹芋属

【形态特征】多年生常绿草本。植株密集丛生，株高可达 20~60cm。叶柄紫红色，从根状茎长出，叶片薄革质，卵状椭圆形，长 10~20cm，宽 5~10cm，黄绿色，在叶的表面绿色上隐约呈现着一种金属光泽，且明亮艳丽，主脉两侧交互排列，羽状暗绿色长椭圆形的绒状斑纹，与斑纹相对的叫背面为紫色，左右交互排列。叶片有睡眠运动，即在夜间叶片从叶鞘部向上延至叶片，抱茎折叠，翌晨阳光照射后重新展开。

【生长习性】性喜半阴，不耐直射阳光，适应在温暖、湿润的环境中生长。在春夏两季生长旺盛，需较高空气湿度，干燥不利于植株生长。对土壤要求不甚高，要求保持适度湿润。但冬季土壤可稍干和凉爽，并减少施肥次数。

【栽植养护】孔雀竹芋在生长季节应给予充足的水分。若冬季低温休眠，则要控制浇水，保持盆土不干燥即可，翌春抽出新叶后。再逐渐正常浇水。在生长季节每月追施液肥，以补充新老叶更迭所需的养分，并可促进植株健壮。施用肥料应以磷、钾肥为主，氮肥不可过多。冬季应停止施肥。

【园林应用】该种叶色丰富多彩，观赏性极强，且多为阴生植物，具有较强的耐阴性，适应性较强，可种植在庭院、公园的林荫下或路旁，在华南地区已有越来越多的种类被应用于园林绿化。种植方法可采用片植、丛植或与其他植物搭配布置。在北方地区，可在观赏温室内栽培用于园林造景观赏。

（a）孔雀竹芋的叶

（b）孔雀竹芋植株

（c）孔雀竹芋的花

（d）孔雀竹芋的花

（e）孔雀竹芋路边点缀

（f）孔雀竹芋片植景观

图5-91　孔雀竹芋景观

12. 花叶绿萝

【科属】天南星科、藤芋属

【形态特征】多年生常绿攀缘草本植物。茎蔓长达数米，靠茎上的气生根吸附攀援生长。叶生长较密，互生，心形，长 15~30cm，宽 8~15cm，纸质，有光泽，嫩绿色或橄榄绿色，上具有不规则、大面积的黄色斑块或条纹，全缘；叶柄及茎秆黄绿色或褐色。

【生长习性】其性喜温凉、空气湿度较大的半阴蔽环境。夏日忌阳光曝晒，但如果长期光照不足，叶片会失去光泽。较耐干旱，耐瘠薄，较耐寒冷，生长适温为 20~28℃。但冬季温度不能低于 10℃，否则会出现叶黄或脱叶等情况。

【栽植养护】花叶绿萝适应性广，生长较快，栽培管理粗放。在栽培管理的过程中，夏季应多向植株喷水，每 10 天进行一次根外追肥，保持叶片青翠。如是盆栽苗，当苗长出栽培柱 30cm 时，应剪除；当脚叶脱落达 30%~50% 时，应废弃重栽。花叶绿萝主要以扦插繁殖为主。插穗选择健壮的上部带叶枝蔓，长度 25~30cm，插于砂床或直接上盆栽培，保持 85%~90% 的相对湿度，柱式栽培最好选用顶芽，每个插穗带叶片 3~4 片。

【园林应用】绿萝生长旺盛，经常培育成绿柱式盆栽，是庭院门柱、墙面绿化的理想植物。其叶斑驳鲜亮，亦是插花配叶的佳品。

（a）花叶绿萝的叶

（b）花叶绿萝的叶

（c）花叶绿萝局部景观

（d）花叶绿萝的盆栽

（e）花叶绿萝用作地被

（f）花叶绿萝丛植景观

图 5-92 花叶绿萝景观

13. 空气凤梨

【科属】凤梨科、铁兰属

【形态特征】多年生草本植物。其品种很多，有的品种群生丛的直径可达2m，有的还不到10cm。植株呈莲座状、筒状、线状或辐射状，叶片有披针形、线形，直立、弯曲或先端卷曲。叶色除绿色外，还有灰白、蓝灰等色，有些品种的叶片在阳光充足的条件下，叶色还会呈美丽的红色。叶片表面密布白色鳞片，但植株中央没有"蓄水水槽"。穗状或复穗状花序从叶丛中央抽出，花穗有生长密集而且色彩艳丽的花苞片或绿色至银白色苞片，小花生于苞片之内，有绿、紫、红、白、黄、蓝等颜色，花瓣3片，花期主要集中在8月至次年的4月。蒴果成熟后自动裂开，散出带羽状冠毛的种子，随风飘荡，四处传播。

【生长习性】空气凤梨无须种植在土壤里，也不必种植在水中，是一种只要喷水就可以成长的特殊植物，可由叶面的绒毛吸收空气中的水气和氮化物，不需特别照顾也能够活得很好，不过成长相当缓慢。空气凤梨耐干旱、强光，其根系很不发达，有些品种甚至没有根，即便有根，也只能起到固定植株的作用，而不能吸收水分和养分。

【栽植养护】空气凤梨的生长最佳温度为15~25℃，一般生长温度为5~40℃。如果温度高于25℃应加强通风和提高相对湿度，不致因太热而造成生长停滞。空气凤梨所谓的免浇水是在空气相对湿度达到90%以上时而言的。生长期要经常向植株喷水，以增加空气湿度，使其正常生长。

【园林应用】空气凤梨可黏附于枯木、岩石上，或放置于贝壳、盆器上，只要根部不积水均能生长。很多人大量种植空气凤梨，就用金属线或鱼线挂起来，造型生动奇特。

（a）空气凤梨的叶

（b）空气凤梨的叶

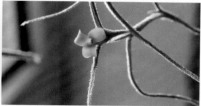

（c）空气凤梨的花

（d）空气凤梨的花

（e）空气凤梨局部景观

（f）空气凤梨的盆栽

图 5-93　空气凤梨景观

14. 四季海棠

【科属】秋海棠科、秋海棠属

【形态特征】肉质草本，高 15~30cm；根纤维状；茎直立，肉质，无毛，基部多分枝，多叶。叶卵形或宽卵形，长 5~8cm，基部略偏斜，边缘有锯齿和睫毛，两面光亮，绿色，但主脉通常微红。花淡红或带白色，数朵聚生于腋生的总花梗上，雄花较大，有花被片 4，雌花稍小，有花被片 5，蒴果绿色，有带红色的翅。

【生长习性】四季海棠性喜阳光，稍耐阴，怕寒冷，喜温暖，稍阴湿的环境和湿润的土壤，但怕热及水涝，夏天注意遮阴，通风排水。四季海棠对阳光十分敏感，夏季，要调整光照时间，创造适合其生长的环境，要对其进行遮阳处理。室内培养的植株，应放在有散射光且空气流通的地方，晚间需打开窗户，通风换气。

【栽植养护】主要分为播种、扦插、分株三种方式，若是商品化的栽培均采用播种繁殖。四季海棠种子细小，寿命又短，自然落到盆土中的种子往往很快发芽而长出幼苗，但采收的种子如不及时播种出苗很少。扦插多在 3~5 月或 9~10 月进行，用素砂土作扦插基质，也可直接扦插在塑料花盆上，需将节部插入土内。蔽荫和保温的条件下，20 多天发根。

【园林应用】四季海棠作室内盆栽，温室及普通房间均可生长。因其花时美丽娇嫩，适于庭、廊、案几、阳台、会议室台桌、餐厅等处摆设点缀。四季秋海棠在国际上应用十分广泛，除盆栽观赏以外，又是花坛、吊盆、栽植槽、窗箱和室内布置的材料。在使用的数量和质量上发展很快，其中除盆栽观赏以外，较多用于花坛欣赏，并选育出不少适应性强、抗热、耐湿的新品种。

（a）四季海棠的叶

（b）四季海棠的花　　　　　　（c）四季海棠局部景观

（d）四季海棠局部景观　　　　　（e）四季海棠丛植景观

（f）四季海棠路边点缀

图 5-94 四季海棠景观

15. 虎皮兰

【科属】百合科、虎尾兰属

【形态特征】虎皮兰（别称虎尾兰）为多年生常绿草本植物。植株高度可达 1m 左右，有横走的根状茎。叶基生，常 1~2 枚，也有 3~6 枚成簇的，直立，硬革质，扁平，长条状披针形，长 30~70cm，宽 3~5cm，有白绿色、暗绿色相间的横带斑纹，边缘绿色，向下渐狭成为长短不等的、有槽的柄。花葶高 30~80cm，基部有淡褐色的膜质鞘；花淡绿色或白色，每 3~8 朵簇生，排成总状花序；花梗长 5~8mm，关节位于中部；花被长 1.6~2.8cm，花管与裂片长度约相等。浆果直径 7~8mm。花期 11~12 月。

【生长习性】适应性强,性喜温暖湿润,耐干旱,喜光又耐阴。对土壤要求不严，以排水性较好的砂质壤土较好。其生长适温为 20~30℃，越冬温度为 10℃。

【栽植养护】虎尾兰可用分株和扦插繁殖。在栽培过程中一般放置于阴处或半阴处，但也较喜阳光，但光线太强时，叶色会变暗、发白。喜欢温暖的气温。其适宜温度是 18~27℃。浇水要适中，不可过湿。虎尾兰为沙漠植物，能耐恶劣环境和久旱条件。浇水太勤，叶片变白，斑纹色泽也变淡。施肥也不应过量。生长盛期，每月可施 1~2 次肥，施肥量要少。长期只施氮肥，叶片上的斑纹就会变暗淡，故一般使用复合肥。也可在盆边土壤内均匀地埋 3 穴熟黄豆，每穴 7~10 粒，注意不要与根接触。从 11 月至第二年 3 月停止施肥。对土壤要求不严，在很小的土壤体积内也能正常生长，喜疏松的砂土和腐殖土，耐干旱和瘠薄。

【园林应用】虎尾兰叶片坚挺直立，叶面有灰白和深绿相间的虎尾状横带斑纹，姿态刚毅，奇特有趣。适合布置装饰书房、客厅、卧室等场所，可供较长时间欣赏。

（a）虎皮兰的叶

（b）虎皮兰植株 　　　　　　　　（c）虎皮兰丛植景观

（d）虎皮兰的花 　　　　　　　　（e）虎皮兰的盆栽

（f）虎皮兰丛植景观

图 5-95　虎皮兰景观

16. 花叶艳山姜

【科属】姜科、山姜属

【形态特征】多年生草本，发达的地上茎。植株高 1~2m，具根茎。叶具鞘，长椭圆形，两端渐尖，叶长约 50cm，宽 15~20cm，有金黄色纵斑纹，十分艳丽。圆锥花序呈总状花序式，花序下垂，花蕾包藏于总苞片中，花白色，边缘黄色，顶端红色，唇瓣广展，花大而美丽并具有香气。花序轴紫红色，被绒毛，分枝极短，在每一分枝上有花 1~2（3）朵；小苞片椭圆形，白色，顶端粉红色，蕾时包裹住花，无毛；小花梗极短；花萼近钟形，一侧开裂，顶端又齿裂；花冠管较花萼为短，裂片长圆形，后方的 1 枚较大，乳白色，顶端粉红色，侧生退化雄蕊钻状，唇瓣匙状宽卵形，顶端皱波状；雄蕊长约 2.5cm；子房被金黄色粗毛。蒴果卵圆形，种子有棱角。夏季 6~7 月开花。

【生长习性】喜明亮或半遮阴的阴湿环境。生长适温 22~28℃，在室内种植时需要充足的光照。室外盆养时，春末夏初可适当日照，盛夏宜放在稍加遮阴的地方，让叶片上的花纹更能充分表现出来。较耐寒，但不耐严寒，忌霜冻，当温度低于 0℃时，植株会受冻害致死。

【栽植养护】花叶艳山姜分蘗力强，生长迅速，用分茎繁殖法较易培植子株。分茎繁殖一般在每年春末夏初结合换盆进行。操作时，将大丛花叶艳山姜从盆中倒出，然后分割成小丛，每丛 3~5 条，其中有新芽 1~2 个。分丛后，连带地下茎及根一起上盆种植即可。为了提高分株的成活率，分株时，可剪去茎干下部的一些叶片以减少蒸腾，另外，分株上盆的新株要置于荫蔽处管理，并充分浇水。

【园林应用】多用于景观山石一旁，绿地边缘及庭院一角，其观赏效果甚佳。一般大型盆栽时放在会议室、客厅等大堂内摆设，露地栽培时可在公园、庭院等的水池、篱笆边等阴湿地种植，单丛或成行栽培均可。也可作为室内花园点缀植物，花叶艳山姜叶色艳丽，十分迷人；花姿优美，花香清纯，是很有观赏价值的室内观叶观花植物。

（a）花叶艳山姜的叶

（b）花叶艳山姜局部景观　　　　　　　　（c）花叶艳山姜的花

（d）花叶艳山姜局部景观　　　　　　　　（e）花叶艳山姜路边点缀

（f）花叶艳山姜用于花境

图 5-96 花叶艳山姜景观

17. 紫苏

【科属】唇形科、紫苏属

【形态特征】紫苏是一年生直立草本植物。茎高 0.3~2m，绿色或紫色，钝四棱形，具四槽，密被长柔毛。叶阔卵形或圆形，边缘在基部以上有粗锯齿，膜质或草质，两面绿色或紫色，或仅下面紫色。轮伞花序 2 花，组成长1.5~15cm、密被长柔毛、偏向一侧的顶生及腋生总状花序；苞片外被红褐色腺点；花梗密被柔毛。花萼钟形，夹有黄色腺点，结果时增大。花冠白色至紫红色，外面略被微柔毛，冠筒短，喉部斜钟形，冠檐近二唇形，上唇微缺，下唇 3 裂，中裂片较大，侧裂片与上唇相近似。小坚果近球形，灰褐色，直径约 1.5mm，具网纹。花期 8~11 月，果期 8~12 月。

【生长习性】紫苏性喜温暖湿润的气候，植株在较低的温度下生长缓慢。夏季生长旺盛。对土壤要求不严，排水良好即可。开花期适宜温度是22~28℃，相对湿度 75%~80%。较耐湿，耐涝性较强，不耐干旱。生长期短，故以氮肥为主。

【栽植养护】紫苏对气候、土壤适应性都很强，最好选择阳光充足、排水良好的疏松肥沃的砂质壤土、壤土，重黏土生长较差。紫苏性喜温暖湿润的气候，种子在地温 5℃以上时即可萌发，适宜的发芽温度 18~23℃。较耐湿，耐涝性较强，不耐干旱。播种或移栽后，如果数天不下雨，要及时浇水。雨季注意排水、疏通作业道，防止积水乱根和脱叶。

【园林应用】紫苏在应用上主要以药用、油用、香料、食用等方面为主，但因其叶片色彩浓郁而独特，近几年在园林绿化上也经常使用。紫苏可在公园、庭院等地种植，单丛或成行栽培均可。也可作为室内花园的点缀植物。

（a）紫苏的叶

（b）紫苏植株　　　　　　　　　　（c）紫苏的花

（d）紫苏绿篱　　　　　　　　　　（e）紫苏群植景观

（f）紫苏路边点缀

图 5-97　紫苏景观

18. 紫御谷

【科属】禾本科、狼尾草属

【形态特征】一年生草本植物，株高可达 3m。叶片宽条形，基部几呈心形，叶暗绿色并带紫色。圆锥花序紧密呈柱状，主轴硬直，密被绒毛，小穗倒卵形，每小穗有 2 小花，第一花雄性，第二花两性。颖果倒卵形。

【生长习性】紫御谷性喜温暖湿润的环境，在肥沃而湿润的土壤中生长旺盛。温度在 18~28℃ 之间最适宜紫御谷的生长，不耐严寒，当温度过低时会引起全株死亡。紫御谷是夏季开花秋季结果的全日照植物。

【栽植养护】用种子和分株繁殖。种子繁殖：直接播种。2~3 月，将种子均匀撒入整好的地上，盖一层细土。分株繁殖：将草带根挖起，切成数丛，按行距 15cm×10cm 开穴栽种，盖土浇水。出苗后，及时拔除杂草，每年施 1~2 次追肥，肥料以人畜粪水为主。

【园林应用】紫御谷叶色雅致，是近年来常见的观叶植物，适合栽植于庭院草地、住宅小区、园林绿化以及道路河流两旁的绿化带，形成美丽的紫色色块。

（a）紫御谷的叶

（b）紫御谷的花   （c）紫御谷局部景观

（d）紫御谷植株   （e）紫御谷片植景观

（f）紫御谷用于花境布置

图 5-98 紫御谷景观

19. 紫叶酢浆草

【科属】酢浆草科、酢浆草属

【形态特征】多年生草本植物，株高 15~30cm。地下部分生长有鳞茎，鳞茎会不断增生。叶丛生于基部，为掌状复叶。整个叶面由三片小叶组成，每片小叶呈倒三角形或倒箭形，叶片颜色为艳丽的紫红色，部分品种的叶片内侧还镶嵌有如蝴蝶般的紫黑色斑块。紫叶酢浆草几乎全年都会开粉红带浅白色的伞形小花，如遇阴雨天，粉红带浅白色的小花只含花苞但不会开放。紫叶酢浆草另一个有趣的现象是会有睡眠状态，到了晚上叶片会自动聚合收拢后下垂，直到第二天早上再舒展张开。

【生长习性】喜温暖湿润的环境，在肥活而湿润的土壤中生长旺盛，叶片鲜艳肥大。紫叶酢浆草较耐寒，冬季温度不低于5℃时即可安全越冬，温度在5℃以下停止生长，进入冬眠。在有霜雪的地区，如遇霜雪冰冻后地上叶片冻死枯萎。而在冬季地面只要稍加覆盖，紫叶酢浆草生长于地下部分的鳞茎即可露地越冬，到次年春天再发新芽。在冬季较寒冷的地区，冬季来临时，也可将紫叶酢浆草地下部分的鳞茎挖起砂藏，待第二年春暖时再种植。

【栽植养护】以分株为主，也可播种或采用组培法繁殖。分株繁殖，即分植球茎，全年皆可进行。分株时先将植株掘起，掰开球茎分植，也可将球茎切成小块，每小块留3个以上芽眼，放进砂床中培育，15天左右即可长出新植株，待生根展叶后移栽。播种繁殖在春季盆播，发芽适温 15~18℃。

【园林应用】紫叶酢浆草叶形奇特，叶色深紫红，小花粉白色，色彩对比感强，且植株姿态俊美，雍容秀丽，绚丽娇艳。紫叶酢浆草除了可以当作盆栽植物栽种作为观赏外，也可栽植于庭院草地，或大量使用于住宅小区，园林绿化以及道路河流两旁的绿化带，让其蔓延成一片，形成美丽的紫色色块，是极好的盆栽和地被植物。

（a）紫叶酢浆草的叶

（b）紫叶酢浆草局部景观　　　　　（c）紫叶酢浆草的花

（d）紫叶酢浆草的盆栽　　　　　（e）紫叶酢浆草路边点缀

（f）紫叶酢浆草做色块布置

图 5-99　紫叶酢浆草景观

20. 龙翅海棠

【科属】海棠科、海棠属

【形态特征】龙翅秋海棠，花鲜红色，多年生常绿半垂吊型的草本花卉。株高 30~38cm，冠径 38~45cm，茎细弱，匍匐下垂，长 60~90cm，全株光滑，多分枝。叶互生，斜椭圆状卵形，先端尖，缘波状。叶鞘肉质，盾形，全缘。雌雄单性花着生于同一聚伞花序上，花单性，雄花大，花瓣 2~3 片，雌花稍小，花瓣 5 片。蒴果具翅三棱形，内含多数细小的种子，每克 5 万 ~6 万粒。

【生长习性】龙翅秋海棠是四季海棠中的直立类型与垂吊类型杂交培育成的杂交种，喜温暖、湿润、阴性至中性的生长条件。对环境中的光线不敏感，开花植株，放置在阴暗的室内，有明亮光线的半阴处或阳光直射的阳台都能生长良好。耐热性强，生长最适温度 18~25℃，在 5~30℃范围内均能生长。喜土壤疏松，富含有机质，透水性好，保水能力强的酸性土壤。盆土宜经常保持湿润状态，切忌盆内积水，以免引起根系腐烂。

【栽植养护】种子繁殖易发芽，且比无性繁殖植株具更强的分枝、开花和生长能力。通常于 2~3 月室内播种，在温度为 22~24℃、空气与基质湿度在 90% 以下的条件下，2 周即可出苗，家庭栽培少量繁殖，也可用带顶芽的茎作插条，扦插在细河沙中，保持 25℃，3 周左右发芽。

【园林应用】龙翅海棠枝叶繁茂，节节有腋生聚伞花序，花期长，周年开花，适于庭院花坛种植作镶边、构图等，亦可盆栽布置馆舍、厅堂或吊篮。盆栽置于居室书架、案头，是装点庭院、美化居室的理想花卉。

（a）龙翅海棠的叶

（b）龙翅海棠的叶背　　　　　　　（c）龙翅海棠植株

（d）龙翅海棠局部景观　　　　　　（e）龙翅海棠局部景观

（f）龙翅海棠路边点缀

图 5-100　龙翅海棠景观

21. 果子蔓

【科属】凤梨科、果子蔓属

【形态特征】果子蔓为多年生草本，宿根花卉。一般盆栽，株高 30cm 左右，冠幅 80cm。叶长带状，基部较宽，浅绿色，背面微红，薄而光亮，外弯，呈稍松散的莲座状排列，伞房花序由多数大形、阔披针形外苞片包围。叶长 60cm，宽 5cm。一生只在春季开 1 次花，花茎常高出叶丛 20cm 米以上，花茎、苞片及近花茎基部的数枚叶片均为深红色，保持时间甚长，观赏期可达 3 个月左右。穗状花序高出叶丛，花茎、苞片和基部的数枚叶片呈鲜红色。花小白色。

【生长习性】喜高温高湿和阳光充足环境。不耐寒，怕干旱，耐半阴。需肥沃、疏松和排水良好且富含腐殖质的微酸性壤土。生长适温为 15~30℃，3~9 月为 21~27℃，9 月至翌年 3 月为 16~21℃。冬季温度低于 16℃，植株停止生长，低于 10℃则易受冻害。

【栽植养护】对水分的要求较高。除盆土保持湿润外，空气湿度应在 65%~75% 范围内，同时莲座叶丛中不可缺水。生长期需经常喷水和换水，保持高温和清洁环境。对光照的适应性较强。夏季强光时适当遮阴，用遮光度 50% 的遮阳网，其他时间需明亮光照，对叶片和苞片生长有利，颜色鲜艳，并能正常开花。土壤需肥沃、疏松和排水良好的腐叶土或泥炭土。

【园林应用】 果子蔓能很好地吸收二氧化碳，净化夜间空气。盆栽适用于卧室、客厅和窗台点缀，既可观叶又可观花，适宜在明亮的室内窗边长年欣赏；也可作切花用；还可装饰小庭院和入口处；亦可用于大型插花和花展的装饰材料，常用于组合盆栽。

（a）果子蔓的叶

（b）果子蔓局部景观　　　　　　　　　（c）果子蔓植株

（d）果子蔓与其他植物配置景观　　　　　（e）果子蔓的盆栽

（f）果子蔓用于花境布置

图 5-101　果子蔓景观

22. 银叶菊

【科属】菊科、千里光属

【形态特征】银叶菊为多年生草本植物。全株具白色绒毛。植株多分枝，叶1~2回羽状分裂，成叶匙形或羽状裂叶，正反面均被银白色柔毛，叶片质地较薄，叶片缺裂，如雪花图案，正反面均被银白色柔毛。头状花序单生枝顶，花小、黄色，花期6~9月。种子7月开始陆续成熟。

【生长习性】不耐酷暑，高温高湿时易死亡。喜凉爽湿润、阳光充足的气候和疏松肥沃的砂质壤土或富含有机质的黏质壤土。生长最适宜温度为20~25℃，在25℃时，萌枝力最强。

【栽植养护】银叶菊常用种子繁殖。一般在8月底9月初播于露地苗床，半个月左右出芽整齐，苗期生长缓慢。待长有4片真叶时上5寸（1寸=3.33cm）盆或移植大田，翌年开春后再定植上盆。盆栽生长期间可通过摘心控制其高度和增大植株蓬径。银叶菊为喜肥型植物，上盆1~2周后，应施稀薄粪肥或用0.1%的尿素和磷酸二氢钾喷洒叶面，以后每星期需施一次肥。作花坛布置及镶边栽培时，摘心1次。优质盆花的株型和长相是：矮壮丰满，叶片舒展、厚实，分枝多而健壮、紧凑，叶色银白美观。应注意适当稀播、及时分苗、及时上盆、及时拉盆。作组合盆栽栽培时可不摘心。

【园林应用】花坛花卉、草坪及地被观叶类，其银白色的叶片远看像一片白云，与其他色彩的纯色花卉配置栽植，效果极佳，是重要的花坛观叶植物。

（a）银叶菊的叶

（b）银叶菊的局部景观　　　　　　（c）银叶菊的花

（d）银叶菊的花　　　　　　　　　（e）银叶菊植株

（f）银叶菊路边点缀

图 5-102 银叶菊景观

23. 粉黛万年青

【科属】假叶树科、万年青属

【形态特征】多年生常绿草本植物。株高30~45cm，叶片长17~19cm、宽8~9cm，椭圆形，边缘绿色，中央几乎为黄白色斑块占据，宛如少女粉妆。老叶斑块会退化。茎干容易从叶腋长出小株，因而常呈丛生株形。花梗由叶梢中抽出，短于叶柄。花序柄短，佛焰苞长圆披针形，狭长，骤尖。肉穗花序：下部雌花序达中部；不育中性花序占全长1/3，花星散；子房心皮2或3，柱头近分离。浆果橙黄绿色，2~3室。

【生长习性】性习高温多湿的半阴环境，忌强光直射，不耐寒，生长适温20~30℃，冬季生长温度12℃以上。要求疏松肥沃、排水良好的土壤。

【栽植养护】喜欢疏松的腐叶土作盆养基质。用珍珠岩、木屑混合而成的非土基质也适合粉黛万年青生长。无土栽培每月要浇1次营养液，或每2个月施1次长效花肥，才能使植株生长茂盛，色泽迷人。但施肥过多，也会增加叶面绿色面积，降低观赏价值。平常要放在通风良好的环境里。可与其他植物混放排列。植株之间过于密集会导致老叶提早枯黄。粉黛万年青较耐湿，夏天充分浇水才能保证生长旺盛，即使浇水稍多，也不会造成烂根，反而会促使叶色更美。冬天要抑制浇水，一般保温在8℃以上便能安全越冬。

【园林应用】粉黛万年青叶色优美，耐阴性强，幼株小盆栽，可置于案头、窗台观赏。中型盆栽可放在客厅墙角、沙发边作为装饰，令室内充满自然生机。粉黛万年青叶片美丽而独特，是目前备受推崇的室内观叶植物之一，适合盆栽观赏，点缀客厅、书房十分舒泰、幽雅。用它摆放光度较低的公共场所，花叶万年青仍然生长正常，碧叶青青，枝繁叶茂，充满生机，特别适合在现代建筑中的配置。

（a）粉黛万年青的叶

（b）粉黛万年青路边点缀　　　　　（c）粉黛万年青植株

（d）粉黛万年青与其他植物配置景观　　　　（e）粉黛万年青的叶

（f）粉黛万年青植株

图 5-103　粉黛万年青景观

24. 花叶吊兰

【科属】百合科、吊兰属

【形态特征】花叶吊兰为宿根草本，叶基生，条形至条状披针形，狭长，柔韧似兰，吊兰的最大特点在于成熟的植株会不时生出走茎，走茎长30~60cm，先端均会长出小植株花葶比叶长，有时可长达50cm，常变为匍枝而在近顶部具叶簇或幼小植株。花白色，常2~4朵簇生，排成疏散的总状花序或圆锥花序；花梗长7~12mm，关节位于中部至上部；花被片长7~10mm，3脉；雄蕊稍短于花被片；花药矩圆形，长1~1.5mm，明显短于花丝，开裂后常卷曲。蒴果三棱状扁球形，长约5mm，宽约8mm，每室具种子3~5颗。花期5月，果期8月。

【生长习性】花叶吊兰性喜温暖湿润、半阴的环境。它适应性强，较耐旱，不甚耐寒。不择土壤，在排水良好、疏松肥沃的砂质土壤中生长较佳。对光线的要求不严，一般适宜在中等光线条件下生长，亦耐弱光。生长适温为15~25℃，越冬温度为5℃。温度为20~24℃时生长最快，也易抽生匍匐枝。30℃以上停止生长，叶片常常发黄干尖。冬季室温保持12℃以上，植株可正常生长，抽叶开花；若温度过低，则生长迟缓或休眠；低于5℃，则易发生寒害。

【栽植养护】花叶吊兰喜半阴环境，春、秋季应避开强烈阳光直晒，夏季阳光特别强烈，只能早晚见些斜射光照，白天需要遮去阳光的50%~70%，否则会使叶尖干枯，花叶吊兰喜欢湿润环境，盆土宜经常保持潮湿。花叶吊兰是较耐肥的观叶植物，若肥水不足，容易焦头衰老，叶片发黄，失去观赏价值。

【园林应用】花叶吊兰在夏季或其他季节温度高时开小白花，花集中于垂下来的枝条的末端，故经常用于室内盆栽观赏或成片造型布置。

（a）花叶吊兰的叶

（b）花叶吊兰的花

（c）花叶吊兰的盆栽

（d）花叶吊兰局部景观

（e）花叶吊兰用于装饰

（f）花叶吊兰路边点缀

图 5-104 花叶吊兰景观

25. 彩叶草

【科属】唇形科、鞘蕊花属

【形态特征】彩叶草为多年生草本植物,老株可长成亚灌木状,但株形难看,观赏价值低,故多作一、二年生栽培。株高50~80cm,栽培苗多控制在30cm以下。全株有毛,茎为四棱,基部木质化。单叶对生,卵圆形,先端渐尖,缘具钝齿牙,叶可长15cm,叶面绿色,有淡黄、桃红、朱红、紫等色彩鲜艳的斑纹。顶生总状花序,花小,浅蓝色或浅紫色。小坚果平滑有光泽。彩叶草的变种、品种极多,色彩鲜艳,颜色多变。

【生长习性】喜温性植物,适应性强,冬季温度不低于10℃,夏季高温时稍加遮阴,喜充足阳光,光线充足能使叶色鲜艳。喜湿润,夏季要浇足水,否则易发生萎蔫现象。并经常向叶面喷水,保持一定空气湿度。多施磷肥,以保持叶面鲜艳。忌施过量氮,否则叶面暗淡。

【栽植养护】在有高温温室的条件下,四季均可盆播,一般在3月于温室中进行。用充分腐熟的腐殖土与素面砂土各半掺匀装入苗盆,将盛有细沙土的育苗盆放于水中浸透,然后按照小粒种子的播种方法下种,微覆薄土,以玻璃板或塑料薄膜覆盖,保持盆土湿润,给水和管护。发芽适温25~30℃,10天左右发芽。出苗后间苗1~2次,再分苗上盆。

【园林应用】彩叶草为应用较广的观叶花卉,除可作小型观叶花卉陈设外,还可配置成图案花坛来布置会场、剧院前厅等,也可作为花篮、花束的配叶使用。

(a)彩叶草的叶

（b）彩叶草片植景观

（c）彩叶草路边点缀

（d）彩叶草路边点缀

（e）彩叶草片植景观

（f）彩叶草片植形成色块

图5-105 彩叶草景观

参考文献

【1】 王铖，朱红霞．植物与景观丛书：彩叶植物与景观 [M]．北京：中国林业出版社，2015.

【2】吴棣飞，王军峰，姚一麟．园林植物图鉴丛书：彩色叶树种 [M]．北京：中国电力出版社，2015.

【3】袁东升，李月松，周洪义．彩叶植物图鉴 [M]．北京：中国林业出版社，2015.

【4】闫双喜，刘保国，李永华．景观园林植物图鉴 [M]．河南：河南科学技术出版社,2013.

【5】布凤琴，宋凤，臧德奎.300 种常见园林树木识别图鉴 [M]．北京：化学工业出版社,2014.

【6】臧德奎．彩叶树种选择与造景 [M]．北京：中国林业出版社,2003.

【7】侯元凯．世界彩叶植物名录 [M]．北京：华中理工大学出版社,2014.